40

Georg Abts
Einführung in die Kautschuktechnologie

Die Internet-Plattform für Entscheider!

- **Exklusiv:** Das Online-Archiv der Zeitschrift Kunststoffe!
- **Richtungweisend:** Fach- und Brancheninformationen stets top-aktuell!
- **Informativ:** News, wichtige Termine, Bookshop, neue Produkte und der Stellenmarkt der Kunststoffindustrie

Immer einen Click voraus!

Georg Abts

Einführung in die Kautschuktechnologie

HANSER

Der Autor:
Dipl.-Ing. Georg Abts

Bibliografische Information Der Deutschen Bibliothek:

Die Deutsche Bibliothek verzeichnet diese Publikation in der Deutschen Nationalbibliografie; detaillierte bibliografische Daten sind im Internet über <http://dnb.d-nb.de> abrufbar.

ISBN: 978-3-446-40940-8

Die Wiedergabe von Gebrauchsnamen, Handelsnamen, Warenbezeichnungen, usw. in diesem Werk berechtigt auch ohne besondere Kennzeichnung nicht zu der Annahme, dass solche Namen im Sinne der Warenzeichen- und Markenschutzgesetzgebung als frei zu betrachten wären und daher von jedermann benutzt werden dürften.

Alle in diesem Buch enthaltenen Verfahren bzw. Daten wurden nach bestem Wissen erstellt und mit Sorgfalt getestet. Dennoch sind Fehler nicht ganz auszuschließen.

Aus diesem Grund sind die in diesem Buch enthaltenen Verfahren und Daten mit keiner Verpflichtung oder Garantie irgendeiner Art verbunden. Autor und Verlag übernehmen infolgedessen keine Verantwortung und werden keine daraus folgende oder sonstige Haftung übernehmen, die auf irgendeine Art aus der Benutzung dieser Verfahren oder Daten oder Teilen davon entsteht.

Dieses Werk ist urheberrechtlich geschützt. Alle Rechte, auch die der Übersetzung, des Nachdruckes und der Vervielfältigung des Buches oder Teilen daraus, vorbehalten. Kein Teil des Werkes darf ohne schriftliche Einwilligung des Verlages in irgendeiner Form (Fotokopie, Mikrofilm oder einem anderen Verfahren), auch nicht für Zwecke der Unterrichtsgestaltung – mit Ausnahme der in den §§ 53, 54 URG genannten Sonderfälle –, reproduziert oder unter Verwendung elektronischer Systeme verarbeitet, vervielfältigt oder verbreitet werden.

© 2007 Carl Hanser Verlag München
www.hanser.de
Herstellung: Steffen Jörg
Satz: Manuela Treindl, Laaber
Coverconcept: Marc-Müller-Bremer, Rebranding, München,
Umschlaggestaltung: MCP • Susanne Kraus GbR, Holzkirchen
Druck und Bindung: Kösel GmbH & Co, Altusried-Krugzell
Printed in Germany

Vorwort

Mit immer weiterer Spezialisierung in Naturwissenschaft und Technik steigt auch der Bedarf an allgemeiner, einführender Literatur. Diese soll idealerweise auch eine gemeinsame Kommunikationsbasis für kaufmännische und technische Mitarbeiter im Betrieb darstellen.

Das vorliegende Kompendium Kautschuktechnologie hat zum Ziel, die Eigenschaften von Elastomerwerkstoffen und die zugrunde liegende Zusammensetzung und Verarbeitung von Kautschukmischungen relativ einfach, aber zusammenfassend zu erläutern. Daher war es erforderlich, an einigen Stellen die wissenschaftliche Präzision zugunsten besserer Verständlichkeit zurückzustellen.

Ich hoffe, dieses Kompendium ist Ihnen eine gute Arbeitshilfe und findet reichlich Verwendung. Anregungen, aber auch Kritik, sind jederzeit willkommen.

Für die kritische Durchsicht des Manuskripts bedanke ich mich bei Herrn Luigi Marinelli, der ebenfalls mit wertvollen Anmerkungen zu dieser Arbeit beigetragen hat. Weiterhin danke ich den folgenden Firmen für die Überlassung von Bildmaterial:

- Berstorff GmbH, Hannover;
- Continental AG, Hannover;
- Harburg-Freudenberger GmbH, Hamburg und Freudenberg;
- Klöckner Desma Elastomertechnik GmbH, Fridingen;
- Michelin Reifenwerke AG & Co. KGaA, Karlsruhe;
- Troester GmbH & Co. KG, Hannover.

Schließlich möchte ich mich noch bei allen Mitarbeiterinnen und Mitarbeitern des Carl Hanser Verlags bedanken, die die Erstellung dieses Buches ermöglicht haben, insbesondere bei Inga Oberbeil, Monika Stüve, Steffen Jörg und Oswald Immel.

Mai 2007

Georg Abts

Inhaltsverzeichnis

Vorwort V

1 **Einführung** 1

2 **Grundlagen** 3
   2.1 Polymere Werkstoffe 3
   2.2 Thermoplaste 5
   2.3 Elastomere 6
   2.4 Thermoplastische Elastomere 8
   2.5 Duroplaste 9

3 **Auswahlkriterien für Kautschuke und Elastomere** 11
   3.1 Übersicht 11
   3.2 Mechanische und dynamische Eigenschaften 13
   3.3 Wärmebeständigkeit 14
   3.4 Chemische Beständigkeit 14
   3.5 Kälteflexibilität 17
   3.6 Wetter- und Ozonbeständigkeit 18
   3.7 Der Kostenfaktor 18

4 **Eigenschaften und Anwendung von Elastomeren** 19
   4.1 Naturkautschuk, NR 19
      4.1.1 Allgemeines 19
      4.1.2 Eigenschaften 22
      4.1.3 Anwendungsgebiete 23
   4.2 Butadienkautschuk, BR 23
      4.2.1 Allgemeines 23
      4.2.2 Eigenschaften 23
      4.2.3 Anwendungsgebiete 24
   4.3 Styrol-Butadien-Kautschuk, SBR 24
      4.3.1 Allgemeines 24
      4.3.2 Eigenschaften 25
      4.3.3 Anwendungsgebiete 25
   4.4 Acrylnitril-Butadien-Kautschuk (Nitrilkautschuk), NBR 26

		4.4.1 Allgemeines 26

- 4.4.1 Allgemeines 26
- 4.4.2 Eigenschaften 26
- 4.4.3 Anwendungsgebiete 27
- 4.5 Hydrierter Nitrilkautschuk, HNBR 28
  - 4.5.1 Allgemeines 28
  - 4.5.2 Eigenschaften 28
  - 4.5.3 Anwendungsgebiete 29
- 4.6 Chloroprenkautschuk, CR 30
  - 4.6.1 Allgemeines 30
  - 4.6.2 Eigenschaften 30
  - 4.6.3 Anwendungsgebiete 31
- 4.7 Butylkautschuk, Brombutylkautschuk, Chlorbutylkautschuk, IIR/BIIR/CIIR 32
  - 4.7.1 Allgemeines 32
  - 4.7.2 Eigenschaften 32
  - 4.7.3 Anwendungsgebiete 33
- 4.8 Chloriertes/Chlorsulfoniertes Polyethylen, CM/CSM 34
  - 4.8.1 Allgemeines 34
  - 4.8.2 Eigenschaften 34
  - 4.8.3 Anwendungsgebiete 34
- 4.9 Ethylen-Propylen-Kautschuk, EPM/EPDM 35
  - 4.9.1 Allgemeines 35
  - 4.9.2 Eigenschaften 35
  - 4.9.3 Anwendungsgebiete 35
- 4.10 Ethylen-Vinylacetat-Kautschuk, EVM 36
  - 4.10.1 Allgemeines 36
  - 4.10.2 Eigenschaften 36
  - 4.10.3 Anwendungsgebiete 36
- 4.11 Acrylatkautschuk, ACM 37
  - 4.11.1 Allgemeines 37
  - 4.11.2 Eigenschaften 37
  - 4.11.3 Anwendungsgebiete 37
- 4.12 Ethylen-Acrylat-Kautschuk, EAM 37
  - 4.12.1 Allgemeines 37
  - 4.12.2 Eigenschaften 38
  - 4.12.3 Anwendungsgebiete 38
- 4.13 Chlorhydrinkautschuk/Epichlorhydrinkautschuk, CO/ECO/GECO .. 38
  - 4.13.1 Allgemeines 38
  - 4.13.2 Eigenschaften 38
  - 4.13.3 Anwendungsgebiete 39

4.14		Silikonkautschuk, VMQ/PVMQ/FVMQ	39
	4.14.1	Allgemeines	39
	4.14.2	Eigenschaften	40
	4.14.3	Anwendungsgebiete	40
4.15		Fluorkautschuk, FKM/FFKM	41
	4.15.1	Allgemeines	41
	4.15.2	Eigenschaften	41
	4.15.3	Anwendungsgebiete	42
4.16		Thermoplastische Polyurethan-Elastomere, TPE-U	42
	4.16.1	Allgemeines	42
	4.16.2	Eigenschaften	42
	4.16.3	Anwendungsgebiete	42
4.17		Zusammenfassender Vergleich	43

5 Die Vernetzung von Kautschuken zu Elastomeren 45
    5.1   Grundlagen. 45
    5.2   Die Vernetzung mit Schwefel 50

6 Kautschukchemikalien und Compounding 53
    6.1   Aufbau von Kautschukmischungen (Compounding) 53
    6.2   Das Vernetzungssystem 55
        6.2.1 Vulkanisationsbeschleuniger und Schwefelspender 55
        6.2.2 Vulkanisationsverzögerer 56
        6.2.3 Vernetzungsaktivatoren. 57
        6.2.4 Peroxidvernetzung 58
        6.2.5 Weitere Vernetzungsarten 59
    6.3   Füllstoffe 60
    6.4   Weichmacher 62
    6.5   Verarbeitungshilfsmittel. 64
    6.6   Alterungsschutzmittel 64
    6.7   Haftmittel 67
    6.8   Mastizierhilfsmittel 68
    6.9   Sonstige Produkte 69
    6.10 Zusammenfassung und Überblick. 69

7 Die Verarbeitung von Kautschuken und Kautschukmischungen 71
    7.1   Grundlagen. 71
    7.2   Innenmischer 72
    7.3   Walzwerke. 74
    7.4   Formgebung und Vulkanisation. 76

7.5	Pressverfahren	76
	7.5.1 Compression Moulding	77
	7.5.2 Transfer Moulding	77
	7.5.3 Injection Moulding	78
7.6	Extrusion und kontinuierliche Vulkanisation	81
	7.6.1 Grundlagen	81
	7.6.2 Extrusion und Vulkanisation von Verbundwerkstoffen	84
	7.6.3 Kontinuierliche Heißluftvulkanisation	85
	7.6.4 Salzbadvulkanisation (LCM – Liquid Curing Medium)	86
	7.6.5 Kontinuierliche Heißdampfvulkanisation	87
	7.6.6 Sonderverfahren	88
7.7	Bahnen und Platten: Kalandrierte Artikel	88
7.8	Antriebs- und Zahnriemen	92
7.9	Reifen	92

8 Prüfung von Kautschuken und Elastomeren ... 97
- 8.1 Viskosität ... 97
- 8.2 Rheometer (Vulkameter) ... 99
- 8.3 Zugversuch ... 100
- 8.4 Härte ... 101
- 8.5 Druckverformungsrest ... 101
- 8.6 Dynamische Prüfungen ... 102
- 8.7 Alterungsprüfung ... 103
- 8.8 Chemische Beständigkeit ... 103
- 8.9 Kälteflexibilität ... 104

9 Artikelkunde ... 105

Anhang ... 113
- A Weiterführende Literatur und Informationen ... 113
- B Glossar ... 114
- C Rohstoffverzeichnis ... 119
- D Handelsnamen und Hersteller ... 134
- E Fertigartikelhersteller ... 148

Index ... 159

1 Einführung

Die Entdeckung der Vulkanisation und die Entwicklung leistungsfähiger Elastomere haben den technischen Fortschritt vielleicht ebenso nachhaltig beeinflusst wie die Erfindung des Rades, der Dampfmaschine und die Nutzung der Elektrizität.

Elastomere verrichten ihre vielfältigen Aufgaben oft im Unsichtbaren, werden meist unterschätzt und sind doch unentbehrlich. So verhindern Dichtungen das Austreten fester, flüssiger oder gasförmiger Stoffe in die Umgebung, Bau- und Motorlager dämpfen Vibrationen und Stöße, Antriebsriemen übertragen Kräfte, und Kabelmäntel isolieren gegen elektrische Spannungen. In Autoreifen übertragen Elastomere Beschleunigungs- und Verzögerungskräfte und sorgen durch das eingeschlossene Luftpolster für komfortables Fahren. Schläuche und Förderbänder aus Elastomerwerkstoffen transportieren die unterschiedlichsten Materialien. Dabei werden gute mechanische Eigenschaften, vielfach auch in Kombination mit hoher dynamischer Belastbarkeit, unter verschiedenen Einsatzbedingungen wie etwa Wärme, Kälte oder auch in Kontakt mit Kraftstoffen, Ölen, Fetten und anderen Chemikalien gefordert (Bild 1.1).

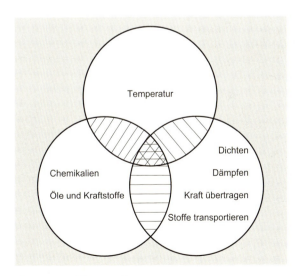

Bild 1.1: Anforderungen an Elastomere

Es gibt jedoch keinen Elastomerwerkstoff, der alle Anforderungen gleichzeitig optimal erfüllen kann. Daher bildet das Eigenschaftsbild eines Elastomerwerkstoffs immer einen Kompromiss aus seiner Beständigkeit gegenüber Temperatur- und Umwelteinflüssen sowie seiner mechanischen Funktion.

Elastomere entstehen durch Vernetzung von Kautschuken. Diese bestimmen zunächst die Temperatur- und Chemikalienbeständigkeit. Eine Reihe von Zuschlagstoffen, insbesondere Füllstoffe und Weichmacher sowie spezielle Kautschukchemikalien wie Alterungsschutzmittel, Verarbeitungshilfsmittel und nicht zuletzt das Vernetzungssystem müssen mit dem Kautschuk und aufeinander abgestimmt sein, um die geforderten mechanischen Eigenschaften zu erreichen. Außerdem muss diese Mischung, insbesondere hinsichtlich Fließfähigkeit und Vernetzungsgeschwindigkeit, an das jeweilige Verarbeitungsverfahren angepasst sein, welches durch die Funktion und damit die Form des Elastomerwerkstoffs festgelegt ist

Die Herstellung eines Elastomerwerkstoffs erfordert also nicht nur Kenntnisse über die einzelnen Komponenten, sondern auch eine große Erfahrung hinsichtlich ihrer Wechselwirkungen untereinander. Das Wissen über die korrekte Verarbeitung eines solchen komplexen Stoffgemisches ist eine weitere Grundvoraussetzung für das Erreichen des gewünschten Eigenschaftsprofils eines Elastomerwerkstoffs.

Im vorliegenden Buch sollen diese Zusammenhänge so einfach und anschaulich wie möglich erläutert werden.

2 Grundlagen

2.1 Polymere Werkstoffe

Man unterscheidet zwischen natürlichen und synthetischen Werkstoffen. Natürliche Werkstoffe, also solche, die in der Natur vorkommen, sind zum Beispiel:

- Holz
- Mineralien, Metalle
- Erdöl, Erdgas, Kohle
- Asphalt, Harze
- Naturkautschuk

Synthetische Werkstoffe werden gezielt hergestellt. Dabei stammen ihre Grundstoffe ebenfalls aus der Natur, überwiegend aus Erdöl oder Erdgas.

Zu den synthetischen Werkstoffen zählen Elastomere, Thermoplaste und Duroplaste. Elastomere grenzen sich durch ihre Gummielastizität von Thermoplasten und Duroplasten ab, die oft auch unter dem Sammelbegriff „Kunststoffe" zusammengefasst werden.

(Streng genommen, sind Elastomere auch Kunststoffe, weil sie künstlich hergestellt werden, oder, wenn sie auf Naturkautschuk basieren, zumindest umgewandelte Naturstoffe).

Thermoplaste und Duroplaste sind bei Raumtemperatur im Gegensatz zu Elastomeren meist mehr oder weniger hart, wobei sich Thermoplaste in der Wärme verformen lassen. In Abhängigkeit von ihrer Zusammensetzung sind dazu unterschiedlich hohe Temperaturen erforderlich.

Elastomere, Thermoplaste und Duroplaste haben gemeinsam, dass sie aus riesigen Molekülen aufgebaut sind, den so genannten Makromolekülen (makros [griechisch] = groß). Diese setzen sich aus sehr vielen (etwa zwischen 10^4 bis 10^6) gleich aufgebauten Teilen, den so genannten Monomeren (monos [griechisch] = allein) zusammen und werden daher Polymer (polys [griechisch] = viel; meros [griechisch] = Teil) genannt. Das entsprechende Verfahren heißt Polymerisation (Bild 2.1).

Monomere sind chemische Verbindungen, die die Eigenschaften der Polymere wesentlich bestimmen. Durch entsprechende Wahl der Monomere und gezielter

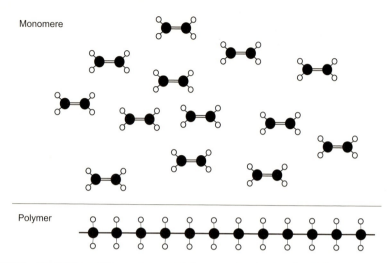

Bild 2.1: Vergleich von Monomeren und Polymer am Beispiel Ethylen/Polyethylen

Steuerung der Polymerisation ist es möglich, Werkstoffe mit neuen Eigenschaften herzustellen. Dabei werden oft auch unterschiedliche Monomere miteinander polymerisiert, um Eigenschaften beider Grundstoffe miteinander zu kombinieren (Copolymerisation; Bild 2.2). Dabei kann die räumliche Anordnung der verschiedenen Monomere voneinander abweichen (Bild 2.3).

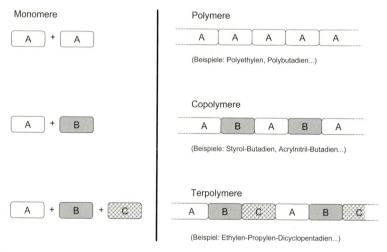

Bild 2.2: Co- und Terpolymerisation verwenden unterschiedliche Arten von Monomeren

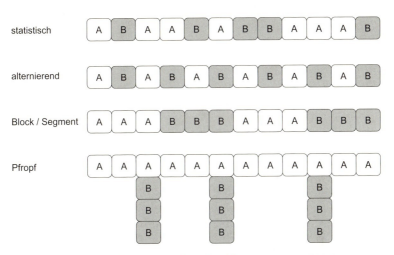

Bild 2.3: Beispiele für verschiedene räumliche Anordnungen der verschiedenen Komponenten bei der Copolymerisation

2.2 Thermoplaste

Thermoplaste haben lange faden- oder kettenförmige Makromoleküle, die relativ leicht voneinander abgleiten (Bild 2.4). Daher sind sie in der Wärme formbar, werden bei der Verarbeitung aufgeschmolzen und dann in die gewünschte Form gebracht. Beim Abkühlen bleibt die veränderte Form bestehen. Dieses Verhalten ist reversibel, daher haben Thermoplaste in Abhängigkeit vom jeweiligen Polymer nur eine begrenzte Wärmebeständigkeit. Die leichte Beweglichkeit der Ketten erklärt auch, dass einige Thermoplaste in Lösungsmitteln quellbar oder sogar partiell bis vollständig löslich sind.

Dies hängt jedoch wesentlich vom chemischen Aufbau der Thermoplaste und vom verwendeten Lösungsmittel ab. Einige der wichtigsten Thermoplaste sind in Tabelle 2.1 aufgelistet.

Bild 2.4: Lineare Anordnung der Makromoleküle von Thermoplasten

Tabelle 2.1: Beispiele für Thermoplaste

Polymer (Kurzbezeichnung)	Anwendungsbeispiele
Polyvinylchlorid (PVC)	Rohrleitungen, Kabel, Bodenbeläge
Polyethylen (PE)	Rohrleitungen, Kabel, Folien, Tragetaschen
Polypropylen (PP)	Formteile, Eimer, Behälter, Kofferschalen
Polystyrol (PS)	Verpackungen, Isolationen (geschäumt)
Polyamid (PA)	Gehäuse für Elektrowerkzeuge, Sitzschalen
Acrylnitril-Butadien-Styrol (ABS)	Gehäuse von Haushaltselektrogeräten
Polyethylenterephthalat (PET)	Getränkeflaschen
Polycarbonat (PC)	CD/DVD, Elektrogehäuse, Platten für Überdachungen
Polytetrafluorethylen (PTFE)	hochtemperatur- und chemikalienbeständige Beschichtungen

Thermoplaste entstehen meist durch Polymerisation der entsprechenden Monomere oder durch Polykondensation (z. B. PET, PC). Bei diesem Verfahren lagern sich die Ausgangsstoffe unter Abspaltung kleinerer Moleküle, oft Wasser, zusammen.

2.3 Elastomere

Elastomere besitzen verknäuelte und weitmaschig vernetzte Kautschuk-Makromoleküle (Bild 2.5). Die Verknäuelung erlaubt eine relativ große Beweglichkeit, während die relativ kurzen Vernetzungsbrücken, meist über eine kurze Kette aus mehreren Schwefelatomen, verantwortlich für die hohen Rückstellkräfte sind. Sie führen dazu, dass Elastomere bei Verformung wieder den unverformten Zustand anstreben. Daher muss die Formgebung von Elastomeren grundsätzlich vor der Vernetzung erfolgen. Die Vernetzung von Kautschuk erfolgt über eine chemische Reaktion; üblicherweise bei hoher Temperatur (Vulkanisation) und ist Voraussetzung für die gummielastischen Eigenschaften von Elastomeren (auch: Vulkanisate, „Gummi").

Werden die vernetzten Makromoleküle von Elastomeren durch Zugbelastung gestreckt, streben sie nach Entlastung wieder den ungeordneten, verknäuelten Zustand an (Entropieelastizität; Entropie = Maß für Unordnung).

Die dabei auftretenden Rückstellkräfte sind so hoch, dass sich füllstofffreie Elastomere, die eine Minute bei Raumtemperatur auf doppelte Ausgangslänge gedehnt

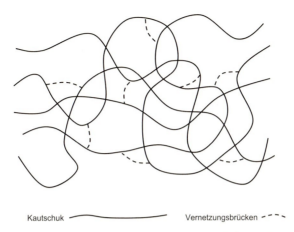

Bild 2.5: Verknäuelte und weitmaschig vernetzte Makromoleküle von Elastomeren

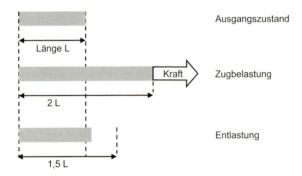

Bild 2.6: Charakterisierung von Elastomeren durch ihre Entropieelastizität

wurden, nach anschließender Entlastung wieder auf weniger als das 1,5fache der Ausgangslänge zusammenziehen (Bild 2.6). Durch Zusatz bestimmter Füllstoffe lassen sich die Rückstellkräfte erheblich verstärken.

Die mechanischen und dynamischen Eigenschaften sowie Gebrauchstemperatur und chemische Beständigkeit von Elastomeren werden vom jeweiligen Kautschuk bestimmt und lassen sich durch den Rezepturaufbau in bestimmten Grenzen variieren. Unterhalb ihrer Gebrauchstemperatur, die in der Regel deutlich unter dem Gefrierpunkt von Wasser liegt, sind Elastomere spröde und hart. Bei zu hoher Temperatur setzt rasche Oxidation und Zersetzung ein. Durch die weitmaschige räumliche Vernetzung sind Elastomere nicht in Lösungsmitteln löslich, aber teilweise stark quellbar.

2.4 Thermoplastische Elastomere

Bei thermoplastischen Elastomeren sind thermoplastische (lineare) Bereiche und kautschukartige (verknäuelte) Makromoleküle miteinander kombiniert (Bild 2.7). Die thermoplastischen Bereiche schmelzen bei Wärmeeinwirkung auf, das Material kann wie ein Thermoplast verformt werden. Nach Abkühlung erstarren die thermoplastischen Bereiche in der neuen Form. Aufgrund der kautschukähnlichen Struktur haben die Materialien bei Gebrauchstemperatur gummielastische Eigenschaften und eine mittlere bis gute Quellbeständigkeit. Allerdings schränken die thermoplastischen Bereiche die Wärmebeständigkeit und die dynamische Belastbarkeit gegenüber Elastomeren deutlich ein. Thermoplastische Elastomere sind im Gegensatz zu Elastomeren auf der Basis von Kautschuken nicht vernetzt.

Beispiele für Thermoplastische Elastomere:
- Thermoplastische Polyurethane, TPE-U
- Thermoplastische Polyester, TPE-E
- Thermoplastische Polyamide, TPE-A
- Thermoplastische Styrol-Block-Copolymere, TPE-S
- Thermoplastische Polyolefine, TPE-O

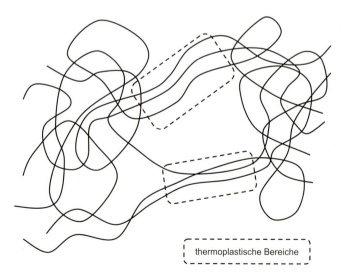

Bild 2.7: Thermoplastische Elastomere mit verknäuelten und thermoplastischen Bereichen

2.5 Duroplaste

Duroplaste (auch: Duromere) bestehen aus engmaschig vernetzten Makromolekülen (Bild 2.8). Sie sind weder plastisch formbar noch schmelzbar und müssen die Formgebung daher vor der Aushärtung durchlaufen. In der Regel haben Duroplaste eine sehr gute Wärmebeständigkeit und sind nicht quellbar.

Duroplaste entstehen durch Polyaddition (Zusammenlagerung) von zwei oder mehr Komponenten. Polyurethane bestehen beispielsweise aus Polyolen und Isocyanaten. Sie bilden ein engmaschiges Netzwerk, das aber nicht mit der Vernetzung von Elastomeren durch Schwefel vergleichbar ist. Da die Ausgangsstoffe in der Regel auch ohne Wärmezufuhr miteinander reagieren, werden sie vor Ablauf der Reaktion durch spezielle Misch- und Dosiersysteme in ihre endgültige Form gebracht. Eine andere Möglichkeit zur Herstellung von Duroplasten ist die Umwandlung spezieller Thermoplaste. Diese werden nach der Formgebung durch Wärme, Strahlung, Katalysatoren oder andere Einwirkungen in einen unlöslichen und nicht schmelzbaren Zustand überführt. Tabelle 2.2 zeigt Beispiele für Duroplaste.

Bild 2.8: Engmaschig vernetzte Makromoleküle von Duroplasten

Tabelle 2.2: Beispiele für Duroplaste

Zusammensetzung (Kurzbezeichnung)	Anwendungsbeispiele
Polyurethane (PUR)	technische Artikel großvolumige Formteile Lacke und Klebstoffe Weichschaum (Sitze) Hartschaum (Dämmstoffe)
Polyepoxide (Epoxidharze, EP)	Elektronik-Leiterplatten Bindemittel für Hartfaserplatten

3 Auswahlkriterien für Kautschuke und Elastomere

3.1 Übersicht

Die zunehmende Verknappung an Naturkautschuk Anfang des zwanzigsten Jahrhunderts sowie steigende Anforderungen an die Leistungsfähigkeit von Elastomeren führten zu der Entwicklung neuer Kautschuke mit zum Teil deutlich voneinander abweichenden Eigenschaften (Tabelle 3.1).

Tabelle 3.1: Übersicht der wichtigsten Elastomere und ihrer Abkürzungen. (Diese werden gleichzeitig auch für die zugrunde liegenden Kautschuke verwendet. Im englischen Sprachgebrauch werden Kautschuk und Gummi mit „Rubber" übersetzt; das Wort „Elastomer" wird jedoch ebenfalls verwendet.)

Kautschuk/Elastomer	Kurzbezeichnung
Naturkautschuk	NR
Butadienkautschuk	BR
Styrol-Butadien-Kautschuk	SBR
Acrylnitril-Butadien-Kautschuk (Nitrilkautschuk)	NBR
Hydrierter Nitrilkautschuk	HNBR
Chloroprenkautschuk	CR
Butylkautschuk, Brombutylkautschuk, Chlorbutylkautschuk	IIR, BIIR, CIIR
Chlorierter/Chlorsulfonierter Ethylenkautschuk	CM, CSM
Ethylen-Propylen-Kautschuk	EPM, EPDM
Ethylen-Vinylacetat-Kautschuk	EVM
Acrylatkautschuk	ACM
Ethylen-Acrylat-Kautschuk	EAM
Chlorhydrinkautschuk/Epichlorhydrinkautschuk	CO, ECO
Silikonkautschuk/Fluorsilikonkautschuk	VMQ/PVMQ/FVMQ
Fluorkautschuk	FKM/FFKM

Tabelle 3.2: Auswahl charakteristischer Eigenschaften und typische Anwendungsbeispiele von Elastomeren

Elastomer	charakteristische Eigenschaft	Anwendungsbeispiel
NR	mechanische und dynamische Eigenschaften	Reifen, Motorlager, Baulager
BR	Elastizität	Reifen (Blend mit NR oder SBR)
SBR	Kompromiss Abrieb – Nassrutschfestigkeit Preis	Reifen technische Gummiwaren
NBR	Öl- und Kraftstoffbeständigkeit	Dichtungen, Schläuche, Membranen
HNBR	Wärme-/Öl-/Ozonbeständigkeit mechanische Eigenschaften	wärmebeständige Dichtungen und Schläuche, Zahn- und Keilriemen
CR	Witterungs-/Ozonbeständigkeit mittlere Wärme- und Ölbeständigkeit dynamische Eigenschaften Flammwidrigkeit	Dichtungen und Schläuche für die Kfz- und Bauindustrie Keilriemen Kabelisolationen
IIR	geringe Gasdurchlässigkeit Chemikalienbeständigkeit Wärmebeständigkeit	Luftschläuche für Reifen Chemikalienschläuche, Schutzkleidung Dichtungen, Heizbälge
BIIR, CIIR	geringer Bedarf an Vernetzungschemikalien	pharmazeutische Artikel
CM, CSM	Wärme-/Witterungs-/Ozonbeständigkeit Farbstabilität	Kabelisolationen, beschichtete Gewebe, Dachfolien, Schlauchdecken, farbige Produkte
EPM, EPDM	Wärme-/Witterungs-/Ozonbeständigkeit Glykol-/Alkoholbeständigkeit Laugenbeständigkeit	Dichtungsprofile für die Kfz- und Bauindustrie Schläuche für die Kfz-Industrie Dichtungen und Schläuche für Waschmaschinen
EVM	Wärme-/Witterungs-/Ozonbeständigkeit Flammwidrigkeit (rezepturabhängig)	Kabel
ACM	Wärme- und Ölbeständigkeit	Dichtungen, Membranen und Schläuche für die Kfz-Industrie
EAM	Wärme-/Witterungs-/Ozonbeständigkeit Wasser- und Glykolbeständigkeit	Dichtungen, Membranen und Schläuche für die Kfz-Industrie

Tabelle 3.2: (Fortsetzung)

Elastomer	charakteristische Eigenschaft	Anwendungsbeispiel
CO, ECO	Wärme-/Witterungs-/Ozon-/Öl- und Kraftstoffbeständigkeit	Dichtungen für die Kfz-Industrie
VMQ/ PVMQ/ FVMQ	Wärme-/Witterungs-/Ozonbeständigkeit physiologisch inert	Kabelisolierungen, Schläuche, Dichtungen medizinische Anwendungen
FKM/ FFKM	Wärme-, Witterungs-, Ozonbeständigkeit Chemikalien-, Öl- und Kraftstoffbeständigkeit mechanische Eigenschaften in der Wärme	Dichtungen für die Kfz-Industrie und Raumfahrt

Aufgrund ihrer speziellen Eigenschaften lassen sich Kautschuke oft bestimmten Anwendungen zuordnen; gelegentlich sind aber auch mehrere Varianten möglich (Tabelle 3.2). Bei einigen Anwendungen besteht die Möglichkeit, mit verschiedenen Kautschuken das gewünschte Anforderungsprofil zu erzielen, obwohl jeder seinen eigenen, typischen Mischungsaufbau hat und damit unterschiedliche Elastomere entstehen.

In einigen Fällen werden Kautschuke auch miteinander verschnitten (Blends), um die Verarbeitbarkeit zu erleichtern oder um bestimmte Eigenschaften zu erzielen.

3.2 Mechanische und dynamische Eigenschaften

Elastomere müssen, um ihre Aufgaben zu erfüllen, bestimmte Anforderungen hinsichtlich mechanischer Eigenschaften wie Zugfestigkeit, Bruchdehnung, Härte und Druckverformungsrest (bleibende Verformung) erfüllen. Artikel, die wechselnder Verformung ausgesetzt sind, wie Reifen, Puffer, Zahn- und Keilriemen, müssen zusätzlich eine bestimmte dynamische Belastbarkeit aufweisen. Neben dem zugrunde liegenden Kautschuk spielt die Zusammensetzung der jeweiligen Kautschukmischung eine wesentliche Rolle. Wichtige Faktoren sind Art und Menge von Füllstoff und Weichmacher sowie das verwendete Vernetzungssystem.

Ein relativ hohes Niveau der mechanischen Werte ermöglichen NR und HNBR; mit NR, BR, CR sowie HNBR lassen sich außerdem gute dynamische Eigenschaften erzielen.

3.3 Wärmebeständigkeit

Hinsichtlich der Temperaturbeständigkeit von Elastomerwerkstoffen findet man unterschiedliche Angaben. Verbreitet ist die Beständigkeit bei einer Belastungszeit von 1000 Stunden. Oft wird auch eine Dauertemperaturbeständigkeit angegeben, z. B. bei Dichtungen. Als Maß dient üblicherweise das Unterschreiten einer bestimmten Bruchdehnung. Es ist einzusehen, dass bei längerer Beanspruchung die maximale Gebrauchstemperatur sinkt. Auf der anderen Seite sind manchmal kurzfristig Spitzentemperaturen, die deutlich über der Dauergebrauchstemperatur liegen, möglich. Auch bei der Vulkanisation können solche Spitzentemperaturen für kurze Zeit erreicht werden. So liegt die Dauergebrauchstemperatur von Naturkautschuk (NR) bei etwa 70 °C; bei Fluorkautschuk (FKM) sind in Heißluft bis über 200 °C möglich. In Kontakt mit Ölen oder anderen Chemikalien können diese Temperaturen jedoch deutlich reduziert werden; bei Einsatzbedingungen unter Ausschluss von Sauerstoff kann sich die Gebrauchstemperatur dagegen auch erhöhen. Die beste Wärmebeständigkeit haben Fluor- und Silikonelastomere; vorteilhaft sind auch ACM, EAM, EVM sowie peroxidvernetztes EPDM und HNBR.

Die Wärmebeständigkeit von Elastomeren hängt vor allem vom Polymeraufbau des zugrunde liegenden Kautschuks und dem verwendeten Vernetzungssystem ab. Elastomere mit noch reaktionsfähigen Doppelbindungen in der Hauptkette und insbesondere die bei Dienkautschuken übliche Schwefelvernetzung sind hier nachteilig.

3.4 Chemische Beständigkeit

Elastomere kommen je nach Einsatzgebiet mit einer Vielfalt von Stoffen in Berührung, wie etwa Öle, Fette, Kraftstoffe, Lösungsmittel, Säuren, Laugen und andere Chemikalien. Neben den geforderten mechanischen oder dynamischen Eigenschaften müssen die Elastomere auch bei allen Einsatztemperaturen gegen diese Chemikalien beständig sein.

Bei der chemischen Beständigkeit unterscheidet man zwischen Quellung und chemischem Abbau. Bei der Quellung nehmen die Elastomere einen Teil der Stoffe auf, mit denen sie in Berührung kommen, wodurch das Volumen zunimmt. Bei stark quellenden Chemikalien wie Lösungsmitteln oder Kraftstoffen kann der Weichmacher teilweise oder ganz extrahiert werden, wodurch die Kälteflexibilität deutlich reduziert wird; Spannungswert und Härte steigen dagegen an.

Beim chemischen Abbau reagieren die Chemikalien mit dem Polymer, was bis zur vollständigen Zerstörung des Elastomeren führen kann.

Beide Effekte führen meist zu einer erheblichen Veränderung der mechanischen Eigenschaften und können je nach Elastomer und Chemikalie zusammen und in unterschiedlichem Ausmaß auftreten.

Die Widerstandsfähigkeit eines Elastomers gegenüber einer Chemikalie hängt stark von der chemischen Zusammensetzung des zugrunde liegenden Kautschuks ab. Die Volumenquellung lässt sich zusätzlich durch geeigneten Mischungsaufbau beeinflussen. Durch einen hohen Anteil an Weichmacher kann die Quellung verringert werden, jedoch besteht bei stark quellenden Chemikalien die Gefahr der Extraktion (siehe oben).

Mit steigender Temperatur erhöht sich die Empfindlichkeit der Elastomere gegenüber Quellung und chemischem Abbau.

In vielen Fällen kommen Elastomere in Kontakt mit Ölen oder Kraftstoffen (Automobilindustrie, Maschinenbau, Erdölförderung). Als Faustregel gilt hier, dass polare Gruppen wie Halogene (Chlor, Fluor) oder Acrylnitril in den zugrunde liegenden Kautschuken die Öl- und Kraftstoffbeständigkeit verbessern (analoges gilt auch für Thermoplaste). Dies sagt jedoch nichts über die Beständigkeit gegenüber anderen Chemikalien wie z. B. Säuren, Basen oder Lösungsmitteln aus. So weist der nicht ölbeständige Butylkautschuk (IIR) eine gute Beständigkeit gegen eine Reihe von Chemikalien auf.

Besonders kritisch sind Mischungen verschiedener Chemikalien. Beispielsweise sind technische Öle meist additiviert, dass heißt, sie enthalten Stabilisatoren, um die Öle vor Zersetzung bei hohen Temperaturen zu schützen. Diese sind zum Teil wesentlich aggressiver als das reine Öl. Auch die Zersetzungsprodukte nicht stabilisierter, überhitzter Öle können den chemischen Abbau von Elastomeren verursachen. Ein weiteres Beispiel sind alkoholhaltige Kraftstoffe, die im Gegensatz zu Standardkraftstoffen eine wesentlich höhere Quellung verursachen. Daher ist es in jedem einzelnen Fall erforderlich, das vorgesehene Elastomer auf seine Beständigkeit gegenüber dem Medium bei Einsatztemperatur zu prüfen. Diese darf natürlich nicht über der Temperaturbeständigkeit des Elastomeren selbst liegen.

Aufgrund der großen Vielfalt unterschiedlicher Substanzen gibt es kein Elastomer, das gegen alle Chemikalien gleichzeitig beständig ist. NR, BR, SBR sowie

EPM/EPDM und IIR, BIIR, CIIR sind nicht ölbeständig; wobei IIR, BIIR und CIIR jedoch gegenüber vielen anderen Chemikalien beständig sind. FKM ist zwar gegen viele Chemikalien und Öle beständig, in der Regel jedoch nicht gegen basische Substanzen, insbesondere Amine. Eine Mittelstellung hinsichtlich der Ölbeständigkeit nehmen CR, CM/CSM und EAM ein; ACM und CO/ECO bewegen sich im vorderen Mittelfeld.

Eine Besonderheit stellen Copolymere wie NBR, HNBR und EVM dar. Jeweils eine Komponente dieser Kautschuke ist ölbeständig. Durch das Verhältnis der Monomeren lässt sich die Ölbeständigkeit in einem weiten Bereich einstellen, was zu einer entsprechenden Typenvielfalt führt. Allerdings verhalten sich bei solchen Copolymeren Ölbeständigkeit und Kälteflexibilität gegenläufig; besonders ausgeprägt ist dies bei NBR.

Bild 3.1 vergleicht schematisch die Wärmebeständigkeit und die Ölbeständigkeit verschiedener Elastomere. Solche Einteilungen basieren meist auf Prüfungen unter genormten Bedingungen und mit standardisierten Chemikalien (z. B. Klassifizierung nach ASTM D 2000). Sie beschreiben daher die Eigenschaften nicht vollständig, sind jedoch zur Abschätzung der Brauchbarkeit durchaus noch üblich. Schon bei geringfügiger Änderung von Chemikalien (z. B. durch Zusatz von Additiven) und Prüfbedingungen sind deutliche Abweichungen möglich.

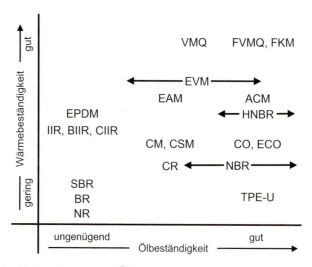

Bild 3.1: Vergleich von Wärme- und Ölbeständigkeit von Elastomeren

3.5 Kälteflexibilität

Elastomere in Außenanwendungen müssen bei allen Temperaturen ihre Funktion behalten. Bei zu tiefen Temperaturen tritt Versprödung auf, das Elastomer verliert seine Funktion.

Die meisten unpolaren Elastomere wie NR, BR, SBR sowie EPM/EPDM und IIR, BIIR, CIIR haben eine gute bis sehr gute Kälteflexibilität. CR hat ebenfalls eine gute Kälteflexibilität, neigt aber bei statischem Einsatz (Bau- und Brückenlager) zur Kristallisation und dadurch Verhärtung. Diese ist jedoch reversibel und lässt sich durch Einsatz spezieller Typen deutlich verzögern.

Sind Kälteflexibilität und Ölbeständigkeit gefordert, zeigen VMQ und FVMQ Vorteile, allerdings sind die mechanischen Eigenschaften unbefriedigend. Auch TPE-U zeigt gleichzeitig gute Kälteflexibilität und Ölbeständigkeit, hat aber nur eine mäßige Wärmebeständigkeit.

Im Fall von Nitrilkautschuk (NBR) wird die hervorragende Kälteflexibilität von Butadienelastomeren durch Copolymerisation mit Acrylnitril deutlich verringert, dafür steigt die Ölbeständigkeit. Dabei ist das Mengenverhältnis der beiden Monomere entscheidend (Bild 3.2). Ähnliche Verhältnisse herrschen auch bei anderen Copolymeren, jedoch in unterschiedlicher Ausprägung.

Die Kälteflexibilität von Elastomeren hängt auch von Art und Menge des verwendeten Weichmachers ab und lässt sich durch spezielle Produkte verbessern.

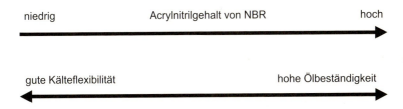

Bild 3.2: Einfluss des Acrylnitrilgehalts von NBR auf Ölbeständigkeit und Kälteflexibilität

3.6 Wetter- und Ozonbeständigkeit

Elastomerwerkstoffe in Außenanwendungen müssen nicht nur technische Anforderungen erfüllen, sie sind auch Umwelteinflüssen wie UV-Licht (Tageslicht) und Ozon, besonders in Kombination mit hoher Luftfeuchtigkeit, ausgesetzt. Dabei weisen Elastomere mit einem hohem Anteil an Doppelbindungen, insbesondere NBR, aber auch NR, BR und SBR, ungenügende Beständigkeit gegen Ozon auf. Das reaktive Ozon reagiert mit den Doppelbindungen der Polymerketten und zerstört sie, wodurch Risse im Elastomerwerkstoff auftreten. Die Geschwindigkeit der Rissbildung nimmt mit steigender Dehnung zu.

Werden solche Elastomere für Anwendungen im Freien oder in der Umgebung von elektrischen Maschinen (Ozonbildung) eingesetzt, sind spezielle Kautschukchemikalien (Ozonschutzmittel und Ozonschutzwachse) erforderlich, um einen vorzeitigen Ausfall zu vermeiden. UV-Licht wird durch den in den meisten Rezepturen enthaltenen Ruß absorbiert und kann daher nur bei hellen und farbigen Mischungen zu Problemen führen.

3.7 Der Kostenfaktor

Neben den chemischen und physikalischen Eigenschaften spielt der Preis des Kautschuks eine wichtige Rolle. Besonders leistungsfähige Kautschuke haben in der Regel auch die höchsten Preise.

Allerdings gehen in den Preis des fertigen Elastomerwerkstoffs auch die Kosten für die übrigen Mischungsbestandteile sowie die aufwendige Verarbeitung mit ein, so dass die Preisunterschiede zwischen den verschiedenen Kautschuken etwas kompensiert werden.

In erster Näherung lässt sich sagen, dass mit zunehmender Wärme- und Ölbeständigkeit der Preis entsprechend ansteigt. Die hauptsächlich in der Reifenindustrie verwendeten Kautschuke NR, BR und SBR, aber auch NBR sind am günstigsten; wärme- und ölbeständige Kautschuke kosten ein Mehrfaches davon. Spezialitäten wie HNBR oder FKM gehören aufgrund der komplizierten Herstellungsverfahren zu den teuersten Produkten.

4 Eigenschaften und Anwendung von Elastomeren

Im Folgenden werden wichtige Elastomere und einige typische Eigenschaften und Einsatzgebiete vorgestellt. Soweit nicht anders angegeben, gelten alle Angaben für optimalen Mischungsaufbau und ideale Verarbeitungsbedingungen.

4.1 Naturkautschuk, NR

4.1.1 Allgemeines

Bis zur großtechnischen Herstellung von Synthesekautschuk ab Anfang des zwanzigsten Jahrhunderts gab es keine Alternative zu Naturkautschuk, trotz einiger Nachteile wie mangelnder Ölbeständigkeit und ungenügender Wärmebeständigkeit. Die hervorragenden mechanischen und dynamischen Eigenschaften des Naturkautschuks sind jedoch der Grund, warum er auch heute noch vor allem in der Reifenindustrie begehrt ist. Die Gesamtmenge an eingesetztem Naturkautschuk entspricht etwa 40 % des gesamten Kautschukmarktes.

Naturkautschuk wird hauptsächlich aus dem Saft der *Hevea Brasiliensis* gewonnen, einer tropischen Baumart, die nur in einer Zone von jeweils etwa 15° nördlich und südlich des Äquators gedeiht (Kautschukgürtel). Ursprünglich in Brasilien beheimatet, befinden sich die wichtigsten Plantagen heute in Südostasien. Durch Anritzen der Rinde wird der so genannte Latex erhalten, eine wässrige Dispersion von Kautschukpolymerpartikeln (Bild 4.1 und Bild 4.2).

Der Anteil an Kautschuk im Latex kann bis zu 40 % betragen; daneben enthält der Naturlatex geringe Mengen an Proteinen, Harzen und anderen Bestandteilen. Durch Waschen und anschließendes Koagulieren mit Ameisen- oder Essigsäure erhält man den Festkautschuk, der zu Fellen verpresst und getrocknet wird. Zur Konservierung wird der Kautschuk entweder geräuchert (smoked sheets) oder chemisch behandelt, wodurch hellfarbige Felle (pale crepes) erhalten werden. Dieses Verfahren ist heute teilweise noch bei kleineren Plantagen (Small Holders) üblich (Bild 4.3).

Bild 4.1: Anritzen einer *Hevea Brasiliensis* zur Gewinnung von Naturlatex (Quelle: Continental AG)

Bild 4.2: Auffangen des Latex im Sammelbehälter (Quelle: Michelin Reifenwerke AG & Co. KGaA)

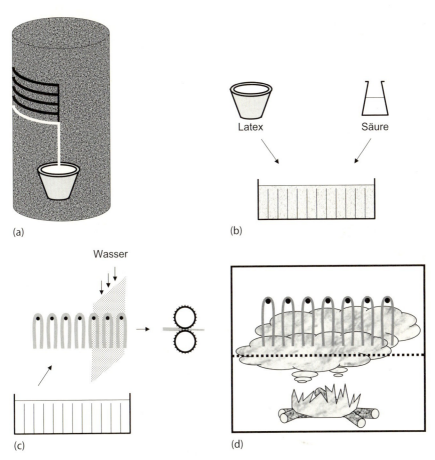

Bild 4.3a–d: Gewinnung von Naturkautschuk:
(a) Zapfen des Latex, (b) Koagulation, (c) Waschen, (d) Räuchern

Aufgrund gestiegener Qualitätsanforderungen werden jedoch schon seit vielen Jahren bevorzugt technisch spezifizierte Naturkautschuktypen (TSR; z. B. SMR – Standard Malaysian Rubber, seit 1965) verwendet, die bestimmten Reinheitsanforderungen genügen müssen und in Ballen von 33,3 kg geliefert werden. Zur Herstellung von TSR wird der koagulierte und gewaschene Latex zu Krümeln aufgearbeitet, getrocknet und anschließend zu Ballen verpresst.

Aus dem Latex selbst stellt man unter anderem so genannte Tauchartikel wie Handschuhe, Ballons und Kondome her, in dem eine entsprechende Form in ein Bad mit vorvernetztem Latex getaucht wird, auf der sich die Partikel abscheiden.

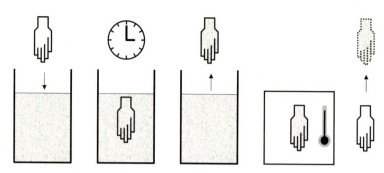

Bild 4.4: Prinzip der Herstellung von Tauchartikeln

Nach dem Erreichen der gewünschten Dicke wird die Form aus dem Bad entfernt und der Artikel nach dem Trocknen abgezogen (Bild 4.4).

4.1.2 Eigenschaften

Naturkautschukvulkanisate haben auch ohne verstärkende Füllstoffe eine hohe Reißfestigkeit. Ursache ist die so genannten Dehnungskristallisation. Sie besitzen außerdem eine hohe Bruchdehnung, hohe Elastizität und hohen Weiterreißwiderstand. Naturkautschukvulkanisate zeigen – innerhalb ihrer Einsatzgrenzen – eine niedrige bleibende Verformung sowie geringe Wärmeentwicklung bei dynamischer Belastung, obwohl die Wärmebeständigkeit nur bis etwa 70 °C reicht.

Durch zu hohe Wärmezufuhr, die auch durch sehr hohe dynamische Belastung entstehen kann, oder durch den Einfluss von UV-Licht, kann die Polymerkette gespalten werden. Man bezeichnet dies als Reversion. Sie wird durch verschiedene Metallionen (Eisen, Kupfer, Kobalt, Mangan) beschleunigt, daher nennt man sie auch Kautschukgifte. Die niedrige Glastemperatur des Naturkautschuks erlaubt den Einsatz von NR-Vulkanisaten bis etwa –50 °C. Da Naturkautschuk allerdings in der Kälte kristallisiert und dadurch versteift, werden oft spezielle Weichmacher oder Blends mit anderen Polymeren, insbesondere Polybutadien, eingesetzt. Naturkautschukvulkanisate besitzen eine ungünstige Witterungs-, UV- und Ozonbeständigkeit und müssen durch entsprechende Chemikalien geschützt werden. Naturkautschukvulkanisate sind unbeständig gegen viele Kohlenwasserstoffe, Öle und Fette.

Nach der Identifizierung von Isopren als Baustein des Naturkautschuks wurden immer wieder Versuche unternommen, Naturkautschuk zu synthetisieren. Der heute verfügbare Isoprenkautschuk (IR) hat gegenüber dem günstigeren Naturkautschuk jedoch nur untergeordnete Bedeutung. IR erfordert im Gegensatz zu NR keine Mastikation; die Kristallisation von IR bei tiefen Temperaturen läuft deutlich langsamer als bei NR ab. Durch die fehlenden natürlichen Harze und Proteine hat IR jedoch eine geringere Klebrigkeit und Rohfestigkeit sowie einen etwas geringeren Vernetzungsgrad als Naturkautschuk.

4.1.3 Anwendungsgebiete

Aufgrund der guten mechanischen und dynamischen Eigenschaften finden Naturkautschukvulkanisate Anwendungen für:

- Reifen (besonders LKW)
- Motor- und Baulager, z. B. für Brücken
- Handschuhe, Ballons, Kondome (Latex).

4.2 Butadienkautschuk, BR

4.2.1 Allgemeines

Butadienkautschuk wird durch Polymerisation von Butadien mit verschiedenen Katalysatoren auf der Basis von Lithium (Li), Cobalt (Co), Nickel (Ni), Titan (Ti) oder Neodym (Nd) hergestellt. Je nach verwendetem Katalysator und Verfahrensbedingungen entstehen Typen mit unterschiedlichem räumlichen Aufbau, woraus Unterschiede in den Verarbeitungseigenschaften (Mischungsherstellung, Einarbeitung von Ruß, Füllbarkeit, Rohfestigkeit, Extrudierbarkeit, Klebrigkeit) und Vulkanisateigenschaften (Festigkeit, Elastizität, Widerstand gegen Rissbildung) resultieren.

4.2.2 Eigenschaften

Butadienkautschuk ermöglicht die Herstellung von Elastomeren mit ausgezeichneter Abriebfestigkeit und Elastizität. Sie weisen sehr gute Kälteflexibilität, hervorragende dynamische Belastbarkeit und geringe Dämpfung auf. Butadienelastomere zeigen außerdem eine gute Reversionsbeständigkeit. Nachteilig sind der geringe

Weiterreißwiderstand und die mangelnde Wärme- und Ölbeständigkeit. Letzteres wird jedoch ausgenutzt, um hoch ölverstreckte Typen herzustellen.

Butadienkautschuk wird in der Regel mit Naturkautschuk (NR), Styrol-Butadienkautschuk (SBR) oder anderen Synthesekautschuken verschnitten, da die meisten Typen beim Verarbeiten eine schlechte Walzfellbildung sowie eine geringe Rohfestigkeit aufweisen. Butadienkautschuk vermittelt solchen Blends eine bessere Abriebfestigkeit und Kälteflexibilität sowie eine höhere dynamische Beständigkeit. Durch den Verschnitt mit Butadienkautschuk wird bei Naturkautschukvulkanisaten außerdem die Reversionsbeständigkeit verbessert. Die schlechte Walzfellbildung kann ausgenutzt werden, um die hohe Walzenklebrigkeit, beispielsweise von Mischungen auf der Basis von Chloroprenkautschuk, zu verringern.

4.2.3 Anwendungsgebiete

Die Kombination aus guter Abriebfestigkeit, hoher Elastizität und geringer Anfälligkeit gegen Ermüdungsrisse machen Butadienkautschuke zu wichtigen Rohstoffen für die Reifenindustrie, obwohl die Nassrutschfestigkeit niedriger als die von Elastomeren auf der Basis von Naturkautschuk ist. Butadienkautschuke finden daher bevorzugt in der Reifenseitenwand Verwendung.

Auch für einige technische Gummiwaren, etwa Förderbänder, Sohlen und dickwandige Artikel wie Puffer und Walzenbezüge, wird BR – meist im Verschnitt mit NR – eingesetzt.

Spezielle BR-Typen werden zur Herstellung von schlagfesten Kunststoffen verwendet (HIPS – High Impact Poly Styrene; ABS – Acrylnitril Butadien Styrol).

4.3 Styrol-Butadien-Kautschuk, SBR

4.3.1 Allgemeines

Copolymerisate aus Styrol und Butadien sind die mengenmäßig bedeutendsten Synthesekautschuke. Die beiden Monomere lassen sich in beliebigem Verhältnis miteinander copolymerisieren, so dass man Typen mit einem Styrolanteil von etwa 10 bis über 80 % findet; in der Kautschukindustrie dominieren dabei insbesondere Copolymerisate mit 23,5 % Styrol.

SBR wird entweder durch Emulsionspolymerisation oder durch Lösungspolymerisation hergestellt. Die Emulsionspolymerisation stellt dabei das zurzeit wichtigste Verfahren dar; die Lösungspolymerisation gewinnt jedoch immer mehr an Bedeutung. Dementsprechend kennzeichnet man die Kautschuke mit E-SBR und S-SBR (E = Emulsion, S = Solution [Lösung]).

Die Emulsionspolymerisation wird in wässriger Phase durchgeführt, daher entsteht hier zunächst SBR-Latex, wobei Styrol und Butadien statistisch verteilt sind. Ein niedriger Styrolanteil begünstigt Kälteflexibilität, Elastizität und Abriebwiderstand; die Wärmeentwicklung bei dynamischer Belastung ist geringer als bei höheren Styrolanteilen. SBR mit hohem Styrolgehalt besitzt eine bessere Standfestigkeit, wird jedoch zunehmend thermoplastisch.

Mit der Emulsionspolymerisation kann SBR mit hohen Molmassen hergestellt werden. Da sich solche Kautschuke schwierig verarbeiten lassen, werden große Mengen an Streckölen (Extenderölen) eingearbeitet. Die Festigkeit solcher OE-SBR-Typen ist nur geringfügig niedriger als die unverstreckter Typen; sie erlauben die Herstellung preisgünstiger Artikel. Im Gegensatz dazu lassen sich mit der Lösungspolymerisation sowohl SBR mit statistisch verteilten Styrol- und Butadieneinheiten, als auch mit Blöcken aus Styrol und Butadien (SB; SBS) herstellen. Solche Block-Copolymerisate haben thermoplastische Eigenschaften.

4.3.2 Eigenschaften

Festigkeit und Weiterreißwiderstand von SBR-Vulkanisaten sind etwas geringer als von Vulkanisaten auf der Basis von Naturkautschuk; die dynamischen Eigenschaften sind deutlich schlechter. Dagegen ist die Hitzebeständigkeit besser; SBR weist eine gute Reversionsbeständigkeit auf. Er hat eine gewisse Beständigkeit gegen bestimmte Chemikalien wie verdünnte Säuren und Basen. Die Kälteflexibilität von SBR hängt vom Styrolanteil ab; sie wird mit steigendem Styrolanteil ungünstiger. Bei 23,5 % Styrolanteil wird ein günstiger Kompromiss zwischen Abriebwiderstand und Nassrutschfestigkeit erzielt.

4.3.3 Anwendungsgebiete

Styrol-Butadienkautschuk ist ein typischer Allzweckkautschuk. Sein Haupteinsatzgebiet ist die Reifenindustrie. Aufgrund seiner guten Abriebbeständigkeit wird SBR hauptsächlich zur Herstellung von Reifenlaufflächen verwendet; auch im Verschnitt mit Naturkautschuk. Daneben wird SBR für technische Gummiwaren wie

Förderbänder, Platten, Schläuche, Bauprofile, Sohlen und Bodenbeläge verwendet. SBR-Latex wird für Teppichrückenbeschichtungen eingesetzt.

4.4 Acrylnitril-Butadien-Kautschuk (Nitrilkautschuk), NBR

4.4.1 Allgemeines

Die Copolymerisation von Butadien mit 15 bis 50 % Acrylnitril führt zu einer Reihe von NBR-Typen mit abgestufter Ölbeständigkeit und Kälteflexibilität. Aufgrund der guten Öl-, Fett- und Kraftstoffbeständigkeit zählen vor allem die NBR-Typen mit hohem Acrylnitrilgehalt zu den wichtigsten Werkstoffen im Automobil- und Maschinenbau. Neben den Festkautschuken und Latices existieren eine Reihe von Spezialtypen, wie z. B. NBR/PVC-Blends, carboxylierte Typen (XNBR) und Krümel- oder Pulverkautschuk.

4.4.2 Eigenschaften

Die Wärmebeständigkeit von NBR ist deutlich höher als die von NR oder SBR, allerdings ist die Ozonbeständigkeit wesentlich schlechter. Die Festigkeit ist etwas geringer als die von NR und nimmt im Vergleich zu anderen ölbeständigen Elastomeren deutlich mit steigender Temperatur ab.

NBR zeigt eine gute Beständigkeit gegen Abrieb und Verschleiß. Mit steigendem Anteil an Acrylnitril steigt die Ölbeständigkeit, die Gasdurchlässigkeit wird verringert, aber gleichzeitig auch die Kälteflexibilität und Elastizität.

NBR mit hohem Acrylnitrilgehalt verfügt über eine sehr gute Beständigkeit gegenüber Ölen, Fetten und Kraftstoffen; die Beständigkeit gegenüber additivierten Ölen und alkoholhaltigen Kraftstoffen ist jedoch deutlich geringer. NBR ist nicht beständig gegen aromatische und chlorierte Kohlenwasserstoffe, starke Säuren und Laugen oder oxidierenden Chemikalien. NBR-Typen mit hohem Acrylnitrilgehalt erreichen etwa die gleiche geringe Gasdurchlässigkeit wie Butylkautschuk.

Die Kälteflexibilität von Copolymerisaten aus Butadien und Acrylnitril verläuft gegensätzlich zur Ölbeständigkeit. NBR-Typen mit hohem Acrylnitrilgehalt weisen nur eine geringe Kälteflexibilität auf. Da sich die Kälteflexibilität auch durch geeignete Weichmacher verbessern lässt, wird bei gleichzeitiger Anforderung an Ölbeständigkeit und Kälteflexibilität ein Typ mit möglichst hoher Ölbeständigkeit gewählt und versucht, den Verlust an Kälteflexibilität über den Weichmacheranteil zu kompensieren. Hierbei muss jedoch auch die mögliche Änderung der mechanischen Eigenschaften aufgrund der Extraktion des Weichmachers durch stark quellende Chemikalien wie Kraftstoffe berücksichtigt werden.

Die geringere Ozonbeständigkeit von Nitrilkautschuk im Vergleich zu anderen Dienkautschuken erfordert generell geeignete Ozonschutzmittel und Ozonschutzwachse. Eine andere Möglichkeit ist der Einsatz von NBR/PVC-Blends, üblicherweise mit einem PVC-Anteil von 30 %. Solche Blends weisen auch eine höhere Beständigkeit gegenüber Kohlenwasserstoffen sowie eine höhere Festigkeit auf. Allerdings wird die Kälteflexibilität durch das thermoplastische PVC deutlich verringert. Verschnitte von NBR mit mindestens 30 % EPDM zeigen bei Peroxidvernetzung ebenfalls verbesserte Ozonbeständigkeit; die Ölbeständigkeit wird jedoch verringert.

Carboxylierter Nitrilkautschuk (XNBR) ist ein Terpolymer aus Butadien, Acrylnitril und 1 bis 7 % Acrylsäure oder Methacrylsäure. Die hieraus hergestellten Elastomere zeichnen sich durch einen guten Abriebwiderstand aus. Die Kälteflexibilität von XNBR ist jedoch ungünstiger als die von NBR.

Für höhere Standfestigkeit sowie geringere Spritzquellung bei der Extrusion werden verzweigte oder vorvernetzte NBR-Typen eingesetzt.

4.4.3 Anwendungsgebiete

Nitrilkautschuk wird für öl- und kraftstoffbeständige Dichtungen, Formteile, Membranen und Schläuche im Kraftfahrzeug- und Maschinenbau eingesetzt. Weitere Anwendungen sind Druck- und Klischeegummi, Walzenbezüge, Gas- und Klimaanlagenschläuche sowie Zellgummi. XNBR wird für beschichtete Gewebe oder spezielle Antriebsriemen verwendet.

Pulver- oder Krümeltypen werden hauptsächlich als Modifikatoren in der Kunststoffindustrie sowie für Brems- und Reibbeläge eingesetzt.

NBR- und XNBR-Latex werden für ölbeständige Tauchartikel (Membranen, Handschuhe) verwendet.

4.5 Hydrierter Nitrilkautschuk, HNBR

4.5.1 Allgemeines

Wie alle Dienkautschuke enthält auch Nitrilkautschuk Doppelbindungen zwischen den Kohlenstoffatomen der Polymerkette. Diese Doppelbindungen sind für die Vernetzung mit Schwefel erforderlich, allerdings auch die Ursache für die mäßige Wärme-, Witterungs- und Ozonbeständigkeit von Elastomeren aus Dienkautschuken. Durch gezielte katalytische Hydrierung (Reaktion mit Wasserstoff) kann man die Doppelbindungen in Einfachbindungen umwandeln. Diese sind wesentlich reaktionsträger. Die Hydrierung kann vollständig oder nur teilweise erfolgen. Werden alle Doppelbindungen in der Hauptkette eines Polymers hydriert, spricht man von einem gesättigten Polymer, da chemische Reaktionen mit der Polymerkette nun wesentlich schwieriger ablaufen.

Durch vollständige Hydrierung von NBR erhält man einen gesättigten Kautschuk, der Elastomere mit deutlich besserer Wärme-, Witterungs- und Ozonbeständigkeit als NBR ermöglicht. Daneben gibt es teilweise hydrierte HNBR-Typen, bei denen noch bis zu 15 % der ursprünglichen Doppelbindungen erhalten sind.

Die katalytische Hydrierung von Nitrilkautschuk ist ein sehr kompliziertes Verfahren, daher sind die erhaltenen Produkte um ein Vielfaches teurer als Nitrilkautschuk. Basis für hydrierten Nitrilkautschuk (HNBR) ist üblicherweise Nitrilkautschuk mit 33 bis 49 % Acrylnitril; spezielle Terpolymere ergeben Typen mit besserer Kälteflexibilität.

4.5.2 Eigenschaften

HNBR bietet hohe Festigkeit und sehr guten Abriebwiderstand. Die chemische Beständigkeit entspricht etwa der von NBR mit gleichem Acrylnitrilgehalt, jedoch zeigt HNBR gute Beständigkeit gegen technische Öle auch in Gegenwart von Schwefelwasserstoff und Aminen.

Gesättigte (vollständig hydrierte) HNBR-Typen weisen eine gute Wärmebeständigkeit auf, die deutlich über der von Dienkautschuken und NBR liegt. Aufgrund der fehlenden Doppelbindungen in der Polymerkette ist die Witterungs- und Ozonbeständigkeit von HNBR wesentlich besser als die von NBR und erreicht das Niveau von EPDM.

Ungesättigte (teilhydrierte) HNBR-Typen zeigen im Vergleich zu gesättigten Typen einen höheren Weiterreißwiderstand und eine größere Bruchdehnung sowie eine bessere dynamische Beständigkeit. Die Wärmebeständigkeit von teilhydriertem HNBR liegt zwischen NBR und gesättigtem HNBR; die Ozonbeständigkeit entspricht nur noch der von NBR.

Während teilhydrierte Typen mit Schwefel vernetzt werden können, ist dies bei gesättigten Typen nicht möglich, da die Schwefelvernetzung eine bestimmte Mindestmenge an Doppelbindungen in der Hauptkette erfordert. Daher steigt auch die Vulkanisationsgeschwindigkeit teilhydrierter Typen mit dem Gehalt an Doppelbindungen. Auch für die Haftung zu Textil oder Metall ist die Schwefelvulkanisation vorteilhaft.

Gesättigte HNBR-Typen werden mit Peroxiden vernetzt, die in der Lage sind, die Einfachbindung zwischen den Kohlenstoffatomen zu spalten und durch Rekombination der Bruchstücke eine Vernetzung herbeizuführen. Da die Peroxidvernetzung auch einen geringeren Druckverformungsrest sowie eine etwas höhere Wärmebeständigkeit ermöglicht, wird sie in vielen Fällen auch bei teilhydrierten Typen angewendet.

Die Kälteflexibilität von HNBR ist etwas ungünstiger als die von NBR. Die durch die Hydrierung entstandene neue Struktur lässt außerdem nur eine begrenzte Verbesserung der Kälteflexibilität durch Reduzierung des Acrylnitrilanteils zu. Unterhalb von etwa 33 % Acrylnitril wird keine weitere Verbesserung der Kälteflexibilität erzielt.

Ist dies jedoch erwünscht, wird bei der Polymerisation des Basiskautschuks aus Acrylnitril, Butadien und einer dritten Komponente ein spezielles Terpolymer hergestellt. Bei diesen Produkten mit einem rechnerischen Acrylnitrilgehalt von etwa 21 % wird nach der Hydrierung eine verbesserte Kälteflexibilität bei etwas reduzierter Ölbeständigkeit erreicht.

Auch bei HNBR werden spezielle carboxylierte Typen (XHNBR) mit gutem Abriebwiderstand und guter Haftung an Textil oder Metall angeboten.

Acrylatverstärkte Typen haben eine niedrigere Viskosität als übliche HNBR-Typen und bieten daher Vorteile bei der Verarbeitung. Daraus hergestellte Elastomere weisen eine gute Haftung zu Textil und Metall sowie sehr guten Abriebwiderstand und dynamische Belastbarkeit auf.

4.5.3 Anwendungsgebiete

HNBR findet in vielen Bereichen Verwendung, bei denen gleichzeitig gute Öl- und gute Wärmebeständigkeit gefordert sind, z. B. für Dichtungen und Schläuche im Kraftfahrzeugbereich, im Maschinenbau, für Walzenbezüge und für Spezialdichtungen bei der Erdölförderung. Teilhydrierte Typen werden vorwiegend für Zahn- und Keilriemen verwendet.

4.6 Chloroprenkautschuk, CR

4.6.1 Allgemeines

Durch Polymerisation von 2-Chlor-1,3-butadien (Chloropren) erhält man einen Kautschuk, dessen Vulkanisate eine günstige Kombination von Wärme-, Witterungs- und Ozonbeständigkeit, mittlerer Ölbeständigkeit, guter mechanischer und dynamischer Eigenschaften und Flammwidrigkeit aufweisen. CR war daher für lange Zeit der bedeutendste Synthesekautschuk. Mittlerweile wird er in vielen Anwendungen durch andere Spezialkautschuke, wie etwa EPDM, abgelöst.

4.6.2 Eigenschaften

CR-Elastomere weisen eine bessere Wärme-, Witterungs- und Ozonbeständigkeit als solche auf der Basis von NR, BR oder SBR auf, erreichen aber nicht das Niveau gesättigter Elastomere wie HNBR oder EPDM. Die mechanischen Werte wie Festigkeit und Weiterreißwiderstand sind gut, liegen aber unter denen von entsprechenden NR-Vulkanisaten. CR hat eine gute dynamische Belastbarkeit und zeigt gute Haftung zu Dienkautschuken sowie zu textilen oder metallischen Festigkeitsträgern. Daher wird CR-Latex oft bei der Beschichtung von Textilverstärkungen für Hydraulikschläuche verwendet, um gute Haftung sowohl zur Verstärkung als auch zur oft aus NBR bestehenden Schlauchseele zu erreichen. CR ist im Vergleich zu Dienkautschuken aufgrund des hohen Chlorgehalts von etwa 40 % schwer brennbar.

Chloroprenkautschuk neigt wie Naturkautschuk zur Kristallisation und hat deshalb eine hohe Rohfestigkeit, daher weisen auch ungefüllte Vulkanisate eine hohe Festigkeit auf. Vor allem bei niedrigen Temperaturen wirkt sich die Kristallisation als deutliche Verhärtung aus; die Kristallisationsgeschwindigkeit erreicht bei etwa $-10\ °C$ ihr Maximum. Sie ist auf eine teilweise Orientierung (Anordnung in eine bestimmte Richtung) der Makromoleküle zurückzuführen. Dabei kristallisiert Chloroprenkautschuk, auch in noch nicht vulkanisierten Mischungen, schneller als die daraus hergestellten Vulkanisate. Die Kristallisation ist reversibel und lässt sich durch Erwärmen sowie durch mechanische oder dynamische Beanspruchung wieder vollständig aufheben. Aufgrund der Kristallisation wird CR nicht wie die meisten anderen Kautschuke als Ballen, sondern in Form von Schnitzeln (Chips) hergestellt, um die Verarbeitung zu erleichtern. CR ist beständig gegen viele aliphatische Kohlenwasserstoffe; seine Ölbeständigkeit entspricht etwa einem NBR mit 18 % Acrylnitril.

Für besonders dynamisch beanspruchte Artikel werden so genannte schwefelmodifizierte Typen eingesetzt. Durch den Einbau der flexiblen Schwefelgruppen in die Polymerkette ist ihre dynamische Beständigkeit gegenüber nicht schwefelmodifiziertem CR deutlich besser; die Kälteflexibilität wird erhöht. Allerdings sind dafür Wärmebeständigkeit und Lagerfähigkeit der Polymere reduziert. Ihre besondere Reaktivität erlaubt die Vernetzung nur mit Metalloxiden ohne zusätzlichen Vulkanisationsbeschleuniger. Vorvernetzte CR-Typen zeigen höhere Standfestigkeit und geringere Spritzquellung bei der Extrusion.

Weiterhin gibt es spezielle CR-Typen mit einer wesentlich geringeren Kristallisationstendenz. Sie werden für Artikel eingesetzt, die über längere Zeit tiefen Temperaturen ausgesetzt sein können, z. B. Bau- oder Brückenlager.

4.6.3 Anwendungsgebiete

CR wird bei technischen Gummiwaren aufgrund seiner günstigen Kombination von Eigenschaften für Formteile, Schläuche, Riemen, Kabelmäntel, Förderbänder, Dichtungen, Dichtungsbahnen, beschichtete Stoffe und Membranen, Schwamm- und Moosgummi sowie Walzenbeläge eingesetzt.

Bei Fensterdichtungsprofilen im Kfz- und Bausektor wird CR zunehmend durch EPDM verdrängt; bei Tankauskleidungen durch Butylkautschuk. CR-Latex wird für Handschuhe und Klebstoffe auf Wasserbasis verwendet.

Besonders schnell kristallisierende CR-Typen finden für lösemittelhaltige Kontaktklebstoffe Verwendung; lösemittelfreie Varianten basieren auf CR-Latex. Dabei wird die Kristallisation und damit die Klebeeigenschaft solange unterbunden, bis das Lösungsmittel verdunstet ist. Der beim Zusammenpressen der zu klebenden Teile

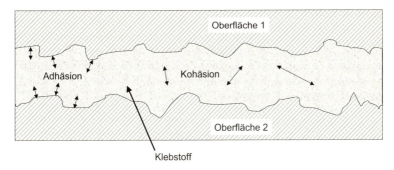

Bild 4.5: Funktionsprinzip von Kontaktklebstoffen

entstehende Druck beschleunigt die Kristallisation. Solche Klebstoffe erreichen auch ohne Vernetzung eine hohe Festigkeit; spezielle Reaktivklebstoffe enthalten ein zusätzliches Vernetzungsmittel, in der Regel Isocyanate.

Die Funktion von Kontaktklebstoffen beruht einerseits auf der Haftung an den Oberflächen der zu verklebenden Teile (Adhäsion), andererseits auf dem inneren Zusammenhalt (Kohäsion oder Härtung) des Klebstoffs selbst. Bei der Kristallisation handelt es sich um eine rein physikalische Härtung. Durch den vor der Aushärtung noch flüssigen Klebstoff erfolgt ein Ausgleich der mikroskopischen Rauhigkeiten der miteinander zu verklebenden Oberflächen. Dabei entsteht eine sehr große Berührungsfläche, wodurch die Adhäsion extrem erhöht wird (Bild 4.5).

4.7 Butylkautschuk, Brombutylkautschuk, Chlorbutylkautschuk, IIR/BIIR/CIIR

4.7.1 Allgemeines

Butylkautschuke (IIR) sind Copolymerisate aus Isobutylen und bis etwa 2,5 % Isopren. Durch Einwirkung der Halogene Brom oder Chlor erhält man Brom- oder Chlorbutylkautschuk (BIIR; CIIR). Man bezeichnet beide gemeinsam auch als Halogenbutylkautschuke (XIIR). Sie vernetzen wesentlich rascher und stellen mengenmäßig den Hauptanteil dar. Aufgrund der geringen Gasdurchlässigkeit werden Vulkanisate aus Butylkautschuken hauptsächlich für die Reifenproduktion verwendet.

4.7.2 Eigenschaften

Die Wärmebeständigkeit von Elastomeren aus Butylkautschuk erreicht etwa das Niveau von EPDM; Witterungs- und Ozonbeständigkeit sind aufgrund der noch vorhandenen Doppelbindungen etwas geringer. Die Wärmebeständigkeit hängt vom verwendeten Vernetzungssystem ab; die Vulkanisation mit Schwefel ist Systemen auf der Basis von Chinonen oder speziellen Harzen unterlegen.

Die Gasdurchlässigkeit ist wesentlich geringer als bei Elastomeren aus Naturkautschuk; allenfalls solche auf der Basis von Nitrilkautschuk mit hohem Acrylnitrilgehalt erreichen ein ähnlich gutes Niveau. Obwohl Elastomere aus Butylkautschuk

4.7 Butylkautschuk, Brombutylkautschuk, Chlorbutylkautschuk, IIR/BIIR/CIIR

ungenügende Beständigkeit gegen Kraftstoffe, Öle und Fette oder Kohlenwasserstoffe haben, zeigen sie gute Beständigkeit gegen polare Lösungsmittel und verdünnte Säuren oder Laugen. Elastomere aus Butylkautschuk weisen niedrige Elastizität und hohe Dämpfung auf.

Aufgrund der geringen Anzahl an Doppelbindungen hat Butylkautschuk im Vergleich zu Naturkautschuk oder Nitrilkautschuk nur eine relativ geringe Vernetzungsaktivität. Sie lässt sich durch die Einwirkung von elementarem Brom oder Chlor auf Butylkautschuk und die damit einhergehende Umwandlung in die entsprechenden Halogenbutylkautschuke deutlich erhöhen, obwohl der Gehalt an Halogenen in den Reaktionsprodukten nur etwa 1 bis 2 % ausmacht. BIIR und CIIR lassen sich im Gegensatz zu IIR sogar nur mit Zinkoxid und Schwefel, aber ohne Beschleuniger vernetzen. Auch ist bei BIIR und CIIR die Vernetzung mit Peroxiden möglich, die bei IIR zum Abbau der Polymerketten führen würde.

4.7.3 Anwendungsgebiete

Haupteinsatzgebiet sind Reifenschläuche sowie die luftdichten Innenschichten schlauchloser Reifen („inner liner", „Tubeless-Platte"). Hier werden überwiegend Halogenbutylkautschuke verwendet. Die geringe Gasdurchlässigkeit wird auch bei spezieller Schutzkleidung ausgenutzt; die gute Chemikalienbeständigkeit bei Chemikalienschläuchen und Dichtungen sowie Auskleidungen für Tanks und Rauchgasentschwefelungsanlagen von Kraftwerken.

Weitere Anwendungen sind Heißgutförderbänder und Heizbälge bei der Reifenvulkanisation.

Ein weiterer wichtiger Bereich ist außerdem die Pharmaindustrie, wo Elastomere aus Brombutylkautschuk für Stopfen und Verschlüsse verwendet werden. Hier nutzt man die hohe Vernetzungsaktivität aus; diese Artikel werden ohne Vulkanisationsbeschleuniger hergestellt.

4.8 Chloriertes/Chlorsulfoniertes Polyethylen, CM/CSM

4.8.1 Allgemeines

Auch bei CM und CSM handelt es sich um Kautschuke, die erst nach der Polymerisation des Basispolymers durch eine weitere chemische Reaktion hergestellt werden. Durch die Reaktion von Polyethylen mit Chlor bzw. Chlor und Schwefeldioxid erhält man chloriertes bzw. chlorsulfoniertes Polyethylen mit einem Chlorgehalt zwischen 25 und 40 %. CM ist im Gegensatz zu anderen Kautschuken grundsätzlich nur in Pulverform erhältlich.

4.8.2 Eigenschaften

Aus CM und CSM hergestellte Elastomere zeigen eine etwas bessere Wärmebeständigkeit als CR bei etwa gleicher Ölbeständigkeit. Die mechanischen Eigenschaften und die Kälteflexibilität insbesondere von CM, und, in geringerem Maße von CSM, sind jedoch ungünstiger als die von CR. Aufgrund des Chlorgehalts sind CM und CSM ebenfalls schwer entflammbar.

Die Kombination aus guter Farbstabilität mit guter Witterungs- und Ozonbeständigkeit ist der Grund, warum CM und CSM für eine Reihe hellfarbiger Artikel im Außenbereich eingesetzt werden. CSM ist beständig gegen verdünnte Säuren und Laugen sowie gegen paraffinische und naphthenische Kohlenwasserstoffe und Mineralöle. Unbeständig ist es gegen aromatische und chlorierte Kohlenwasserstoffe sowie verschiedene Lösungsmittel.

Während CM fast ausschließlich mit Peroxiden vernetzt wird, besteht bei CSM auch die Möglichkeit der Vernetzung auf der Basis von Schwefel und Beschleunigern.

4.8.3 Anwendungsgebiete

CM und CSM finden Verwendung in farbigen Artikeln wie Schlauchdecken und Kabelmänteln; in letzteren auch wegen ihrer Flammwidrigkeit. CSM wird außerdem für Kühlmittelschläuche, beschichtete Gewebe (Schlauchboote), Dach-, Teich- und Deponiefolien, Förderbänder und Handläufen für Rolltreppen verwendet.

4.9 Ethylen-Propylen-Kautschuk, EPM/EPDM

4.9.1 Allgemeines

Die Copolymerisation von Ethylen und Propylen führt zu gesättigten Kautschuken (EPM), deren Wärme-, Witterungs-, UV- und Ozonbeständigkeit deutlich über der von Dienkautschuken liegt. Der Ethylengehalt beträgt etwa 45 bis 75 %. Um die Vernetzung mit Schwefel zu ermöglichen, werden bis zu 12 % einer Dienkomponente als Termonomer verwendet (EPDM). Als Dienkomponenten wird hauptsächlich Ethylidennorbonen (ENB) und daneben Dicyclopentadien (DCPD), selten auch 1,4-Hexadien verwendet.

4.9.2 Eigenschaften

Aufgrund der gesättigten Hauptkette haben EPM und EPDM eine gute Beständigkeit gegen Wärme und Oxidation; die Wärmebeständigkeit ist vergleichbar mit der von HNBR. Die mechanischen Eigenschaften wie Zugfestigkeit und Weiterreißwiderstand sind etwas geringer als bei Elastomeren auf der Basis von Dienkautschuken; auch bei Verwendung aktiver Füllstoffe. Allerdings lässt sich EPDM je nach Typ in großem Maß mit Öl und Füllstoff strecken, was preisgünstige Artikel ermöglicht. Ölverstreckte Typen zeigen außerdem ein besseres Verarbeitungsverhalten.

Mit steigendem Ethylengehalt wird die Festigkeit verbessert, allerdings wird auch die ansonsten gute Kälteflexibilität verringert.

Bei Diengehalten unter 2 % ist Peroxidvernetzung erforderlich; darüber hinaus steigen Vernetzungsgeschwindigkeit und Vernetzungsgrad (Festigkeit) mit dem Diengehalt an. Da durch die Dienkomponente Doppelbindungen nicht in die Hauptkette des Polymeren, sondern in Seitengruppen eingebaut werden, bleibt die hohe Wärmebeständigkeit im Wesentlichen erhalten.

EPDM ist gut beständig gegen polare Chemikalien wie Wasser, Glykole, Alkohole, Ketone und Laugen, jedoch nicht gegen Mineralöle, Fette, Kraftstoffe und Kohlenwasserstoffe. Hier ist EPDM etwa vergleichbar mit NR, BR oder SBR.

4.9.3 Anwendungsgebiete

EPDM findet sowohl im Automobilsektor (Bremsschläuche, Kühlwasserschläuche, Dichtungen, Fenster- und Türdichtungen) als auch im Bausektor (Dichtungsprofile für Fenster und Fassaden, Bodenbeläge, Dachfolien) breite Verwendung. Weitere Anwendungen sind Dichtungen für Trinkwasser und Abwasser, Türdichtungen für Waschmaschinen, Schläuche, Zell- und Moosgummi, Walzenbezüge und Isolationen für Niederspannungsleitungen.

4.10 Ethylen-Vinylacetat-Kautschuk, EVM

4.10.1 Allgemeines

Copolymerisate aus Ethylen und Vinylacetat (EVM) haben eine noch höhere Wärmebeständigkeit als EPDM oder HNBR sowie eine gute Witterungs- und Ozonbeständigkeit. Der Vinylacetatgehalt liegt üblicherweise zwischen 40 und 80 %. EVM findet fast ausschließlich in der Kabelindustrie Verwendung, da sich daraus flammwidrige Kabel mit günstigem Rauchgasverhalten herstellen lassen.

4.10.2 Eigenschaften

EVM-Elastomere haben eine gute Wärme-, Witterungs- und Ozonbeständigkeit, etwa vergleichbar mit ACM. Mit steigendem Anteil an Vinylacetat wird die Ölbeständigkeit verbessert, aber die Kälteflexibilität verringert, die jedoch bei EVM ohnehin nicht sehr ausgeprägt ist.

Aufgrund des Fehlens von Halogenatomen und der extrem hohen Füllbarkeit mit bestimmten Füllstoffen, wie z. B. Aluminiumhydroxid (manchmal auch als Aluminiumoxidtrihydrat, ATH, bezeichnet), lassen sich bei entsprechendem Mischungsaufbau Kabel herstellen, die im Brandfall eine sehr geringe Rauchgasdichte und Korrosivität aufweisen (so genannte FRNC-Kabel: flame resistant non corrosive). EVM ist ein gesättigtes Polymer und kann daher nur mit Peroxiden oder energiereicher Strahlung vernetzt werden.

4.10.3 Anwendungsgebiete

Neben Kabeln, die die Hauptanwendung darstellen, wird EVM noch zur Herstellung von Bodenbelägen und Formteilen sowie für Lösungs- und Schmelzklebstoffe verwendet.

4.11 Acrylatkautschuk, ACM

4.11.1 Allgemeines

Acrylatkautschuke werden durch Copolymerisation von Acrylaten mit bis 5 % eines weiteren, vernetzungsfähigen Monomers hergestellt. Aufgrund der gesättigten Hauptkette haben ACM-Elastomere eine hohe Wärme-, Witterungs- und Ozonbeständigkeit. Da die Acrylatkomponente den Hauptbestandteil des Polymers ausmacht, haben ACM-Elastomere eine deutlich bessere Ölbeständigkeit als EAM.

4.11.2 Eigenschaften

ACM-Elastomere haben eine Wärmebeständigkeit etwa wie EVM oder AEM. Die Ölbeständigkeit ist sogar höher als bei NBR und erreicht fast das Niveau von FKM; ACM zeigt insbesondere gute Beständigkeit gegen heiße Öle oder solche mit schwefelhaltigen Öladditiven. Allerdings ist ACM nicht beständig gegen bleifreie Kraftstoffe, aromatische oder chlorierte Kohlenwasserstoffe sowie gegen Wasser, Säuren und Laugen. Je nach Zusammensetzung zeigen Elastomere auf der Basis von ACM mäßige bis gute Kälteflexibilität. Die mechanischen Eigenschaften von ACM sind nur mäßig. Zur Vernetzung werden teilweise ähnliche Chemikalien wie bei der Schwefelvulkanisation verwendet; allerdings ist Schwefel hier kein Vernetzungsmittel.

4.11.3 Anwendungsgebiete

ACM findet fast ausschließlich für Schläuche, Dichtungen und Membranen in Fahrzeugmotoren Verwendung.

4.12 Ethylen-Acrylat-Kautschuk, EAM

4.12.1 Allgemeines

Die Kombination aus Ethylen (30 bis 40 %), Methacrylaten (55 bis 70 %) und einer Carbonsäure (bis 4 %) führt zu Terpolymeren mit guter Wärmebeständigkeit, mäßiger Ölbeständigkeit sowie guter Kälteflexibilität.

4.12.2 Eigenschaften

Elastomere aus EAM zeigen eine Wärmebeständigkeit etwa wie solche aus EVM; die Ölbeständigkeit ist mit CR vergleichbar. Auf der Basis von EAM lassen sich Elastomere mit guter Ozon- und Witterungsbeständigkeit herstellen. Die beste Ölbeständigkeit wird mit hohem Anteil an Methacrylat erzielt; die Kälteflexibilität verhält sich dazu gegenläufig. EAM-Elastomere sind beständig gegen Wasser und Wasser/Glykol-Gemische, aber unbeständig gegen Säuren, Ketone, Kraftstoffe und aromatische Kohlenwasserstoffe. Die Vernetzungssysteme basieren auf Aminen oder Peroxiden.

4.12.3 Anwendungsgebiete

EAM wird hauptsächlich für Kühlwasserschläuche, Luftansaugschläuche und Membranen in Kraftfahrzeugmotoren eingesetzt; daneben für Kabel und Dichtungen.

4.13 Chlorhydrinkautschuk/Epichlorhydrinkautschuk, CO/ECO/GECO

4.13.1 Allgemeines

Polymerisate aus Epichlorhydrin (CO) sowie seine Copolymerisate mit Ethylenoxid (ECO) ermöglichen die Herstellung von Elastomeren mit guter Wärme-, Witterungs- und Ozonbeständigkeit, guter Ölbeständigkeit und geringer Gasdurchlässigkeit. Copolymere aus Epichlorhydrin und Allylglycidether (GCO) sowie Terpolymere aus Epichlorhydrin, Ethylenoxid und Allylglycidether (GECO; auch: ETER für Epichlorhydrin-Ethylenoxid-Terpolymer) sind schwefelvernetzbar.

4.13.2 Eigenschaften

Elastomere aus CO und ECO verfügen über eine Wärmebeständigkeit zwischen NBR und HNBR; dabei ist CO wärmebeständiger als ECO. Die Witterungs- und Ozonbeständigkeit ist der von NBR deutlich überlegen. CO und ECO sind in ihren dynamischen Eigenschaften etwa mit Naturkautschukvulkanisaten vergleichbar. Zur Vernetzung werden aminische Verbindungen verwendet; Peroxide und Schwefelvernetzung sind nur bei den Terpolymeren (GECO) einsetzbar, wobei die Schwefelvernetzung die Wärmebeständigkeit verringert.

CO und ECO haben eine gute Beständigkeit gegen Kraftstoffe, Mineralöle, aliphatische Kohlenwasserstoffe, Alkohole, verdünnte Säuren und Laugen. Aufgrund des höheren Chlorgehaltes (etwa 38 %) zeigt CO eine höhere Ölbeständigkeit als ECO (etwa 25 %); vergleichbar mit NBR bei 48 bzw. 38 % Acrylnitrilgehalt. Dafür ist die Kälteflexibilität von ECO günstiger als die von CO. Der hohe Chlorgehalt begünstigt die Flammwidrigkeit.

CO und ECO sind unbeständig gegen aromatische und chlorierte Kohlenwasserstoffe, polare Lösungsmittel sowie Hydrauliköle auf der Basis von Phosphatestern. Sie wirken korrosiv gegenüber Metallen.

4.13.3 Anwendungsgebiete

CO und ECO werden für verschiedene Teile im Motorraum wie Schläuche und Dichtungen sowie wegen der dynamischen Eigenschaften auch als Motorlager eingesetzt.

4.14 Silikonkautschuk, VMQ/PVMQ/FVMQ

4.14.1 Allgemeines

Während die Hauptkette der bisher besprochenen Kautschuke aus Kohlenstoffverbindungen gebildet wird, besteht die Hauptkette der Silikonkautschuke aus Kombinationen von Silizium- und Sauerstoffatomen. An den Siliziumatomen befinden sich Seitengruppen, die je nach Anteil und Zusammensetzung zu unterschiedlichen Eigenschaften führen. Allen ist gemeinsam, dass die daraus hergestellten Elastomere eine sehr hohe Wärme-, Witterungs- und Ozonbeständigkeit haben sowie eine gute Kälteflexibilität aufweisen. Man unterscheidet Silikonkautschuke außerdem nach ihrem Aggregatzustand (fest/flüssig) und ihrer Vulkanisationstemperatur:

- heißvulkanisierend, fest (HTV – high temperature vulcanizing)
- heißvulkanisierend, flüssig (LSR – liquid silicone rubber)
- kaltvulkanisierend (RTV – room-temperature vulcanizing).

Im Gegensatz zu anderen Kautschuken wird Silikonkautschuk fast ausschließlich als vernetzungsfähige Mischung angeboten.

4.14.2 Eigenschaften

Basis der gängigen Silikonkautschuke ist Dimethylsiloxan (MQ). Die Copolymerisation mit nur etwa 0,5 % Vinylmethylsiloxan führt zu schnell vernetzenden Produkten mit ausreichender Vernetzungsdichte (VMQ). Werden etwa 5 bis 15 Teile Dimethylsiloxan durch Phenylmethylsiloxan ersetzt, wird die gute Kälteflexibilität noch weiter verbessert (PVMQ). Durch Copolymerisation von Dimethylsiloxan mit Methyltrifluorpropylsiloxan im Verhältnis von 1 : 9 bis 4 : 6 wird eine gute Beständigkeit gegen Kohlenwasserstoffe erzielt, wobei auch hier Vinylmethylsiloxan die Vernetzung mit Peroxiden ermöglicht (FVMQ).

Neben der sehr guten Wärmebeständigkeit besitzen Elastomere aus Silikonkautschuk auch eine gute Witterungs- und Ozonbeständigkeit. Ihre mechanischen Eigenschaften, wie Festigkeit und Weiterreißwiderstand, liegen aber deutlich unter dem Niveau von Dienkautschuken und erfordern hochaktive, pyrogene Kieselsäure als Füllstoff. Allerdings bleiben diese Eigenschaften im Gegensatz zu den meisten anderen Elastomeren auch in der Wärme erhalten, so dass Silikonelastomere hier einen Vorteil bieten, etwa der niedrige Druckverformungsrest in der Wärme, aber auch in der Kälte, für Dichtungen.

Obwohl Silikonkautschuk ein guter elektrischer Isolator ist, kann die elektrische Leitfähigkeit mit speziellen Rußen extrem erhöht werden. Silikonkautschuk ist schwer entflammbar und physiologisch inert, besitzt aber eine hohe Gasdurchlässigkeit.

Silikonelastomere sind beständig gegen heißes Wasser, pflanzliche und tierische Fette, paraffinische Mineralöle sowie Glykol und Alkohole. Sie sind unbeständig gegen Dampf, naphthenische und aromatische Mineralöle, Kraftstoffe, Ketone, Silikonöl sowie Säuren und Laugen.

4.14.3 Anwendungsgebiete

Elastomere aus heißvulkanisierendem festen (HTV) und flüssigem (LSR) Silikonkautschuk finden Verwendung für pharmazeutische und medizinische Artikel sowie Gegenstände im Kontakt mit Lebensmitteln. Technische Anwendungen sind Schläuche, Kabel und Dichtungen für die Automobil- und Elektro-/Elektronikindustrie. Kaltvulkanisierende Kautschuke (RTV) werden für Dichtungsmassen eingesetzt.

4.15 Fluorkautschuk, FKM/FFKM

4.15.1 Allgemeines

Fluorkautschuk wird durch Copolymerisation von Vinylidenfluorid und Fluoralkanen hergestellt; der Fluorgehalt beträgt üblicherweise etwa 65 bis 70 %. Fluorelastomere haben eine sehr hohe Wärme-, Ozon- und Chemikalienbeständigkeit.

4.15.2 Eigenschaften

Die Kombination der guten Wärmebeständigkeit mit der Beständigkeit gegen viele Chemikalien machen Fluorelastomere (FKM) zu einem herausragenden Werkstoff. Wie bei Silikonelastomeren sind die mechanischen Eigenschaften nur mäßig, bleiben jedoch in der Wärme im Wesentlichen erhalten. Fluorelastomere sind z. B. hinsichtlich der Abriebbeständigkeit Elastomeren aus HNBR deutlich unterlegen. Die Kälteflexibilität der meisten Typen ist nur mäßig; für besondere Anforderungen sind Spezialtypen erforderlich.

Die Grenzen für die Einsatztemperaturen von Fluorelastomeren hängen sowohl von den eingesetzten Copolymeren als auch von den verwendeten Vernetzungssystemen ab. In der Regel erfolgt die Vernetzung über Peroxide, daneben mit Diaminen oder Bisphenolen.

Fluorkautschuke besitzen eine deutlich höhere Dichte als andere Elastomere; verglichen mit anderen Kautschuken ist eine größere Masse erforderlich, um ein bestimmtes Volumen auszufüllen. Das bei verschiedenen Kautschuken angewandte Strecken mit hohen Mengen Füllstoffen und Weichmachern ist bei Fluorkautschuken nicht praktikabel. Aufgrund des komplizierten Herstellverfahrens sind Fluorkautschuke und die daraus hergestellten Artikel relativ teuer.

Fluorelastomere sind gut beständig gegen Öle, Kraftstoffe und eine Reihe von verschiedenen Chemikalien, jedoch unbeständig gegen Fluorwasserstoff, Ammoniumverbindungen, Methanol, Ketone, Ester, konzentrierte Essigsäure und Fluorchlorkohlenwasserstoffe (FCKW). Der hohe Fluorgehalt erlaubt die Herstellung flammwidriger Artikel.

Für extreme Anforderungen an Wärme- und Chemikalienbeständigkeit werden perfluorierte Typen (FFKM) eingesetzt, deren Moleküle keine Wasserstoffatome mehr enthalten. Sie sind zwar auch gegen Amine und Ketone beständig, jedoch nicht gegen Alkalimetalle und perfluorierte Kohlenwasserstoffe. Weitere Nachteile sind die schwierige Verarbeitung, ungünstige Kälteflexibilität und ein noch höherer Preis.

4.15.3 Anwendungsgebiete

Fluorelastomere werden bei gleichzeitiger Forderung nach sehr guter Wärme- und Ölbeständigkeit eingesetzt, z. B. für O-Ring-Dichtungen und Kraftstoffschläuche für Kraftfahrzeugmotoren, Dichtungen für die Erdölförderung sowie für Hydrauliksysteme, Luft- und Raumfahrt.

4.16 Thermoplastische Polyurethan-Elastomere, TPE-U

4.16.1 Allgemeines

Thermoplastische Polyurethan-Elastomere lassen sich zwischen Thermoplasten und Elastomeren einordnen. Sie besitzen eingeschränkte gummielastische Eigenschaften; das thermoplastische Verhalten erlaubt eine gegenüber Kautschuken preiswertere Verarbeitung.

4.16.2 Eigenschaften

Thermoplastische Polyurethan-Elastomere übertreffen in ihren mechanischen Eigenschaften (Festigkeit, Weiterreißwiderstand, Abrieb) sogar Elastomere auf der Basis von Naturkautschuk oder HNBR. Aufgrund ihrer thermoplastischen Bestandteile haben sie jedoch nur eine begrenzte Wärmebeständigkeit, etwa vergleichbar mit Elastomeren aus NR oder BR.

Sie haben eine sehr gute Beständigkeit gegen Öle und aliphatische Kohlenwasserstoffe, sind jedoch empfindlich gegenüber Hydrolyse sowie gegen Säuren und Laugen.

4.16.3 Anwendungsgebiete

Thermoplastische Polyurethan-Elastomere werden für verschiedene elastische Artikel ohne besondere Temperaturbeanspruchung eingesetzt; z. B. Sportschuhsohlen, Schalthebelknäufe und Feuerwehrschläuche.

4.17 Zusammenfassender Vergleich

Es hat sich gezeigt, dass einerseits die Eigenschaften der verschiedenen Elastomere teilweise deutlich voneinander abweichen. Andererseits kann man Elastomere mit ähnlichen Eigenschaften in Gruppen zusammenfassen. Dies erlaubt einen groben, aber schnellen Überblick über die Leistungsfähigkeit der Elastomere.

Standardelastomere: NR, BR, SBR

Mit Naturkautschuk, Butadienkautschuk und Styrol-Butadienkautschuk lassen sich Elastomere mit hervorragenden mechanischen und dynamischen Eigenschaften herstellen. Sie verfügen nur über mäßige Wärme-, Wetter- und Ozonbeständigkeit und sind nicht ölbeständig. Aufgrund ihrer guten dynamischen Eigenschaften werden sie hauptsächlich in der Reifenindustrie eingesetzt.

Halogenhaltige Elastomere: CR, CM/CSM, BIIR, CIIR

Im Vergleich zu den Standardelastomeren sind die mechanischen Eigenschaften etwas ungünstiger.

Wärme- und Wetterbeständigkeit sind zum Teil erheblich besser als bei Standardelastomeren. Die Kälteflexibilität von CM/CSM ist relativ ungünstig; dafür besitzen diese Elastomere wie CR eine wesentlich bessere Ölbeständigkeit im Vergleich zu BIIR und CIIR.

Acrylat- und Acetatelastomere: ACM, EAM, EVM

Die mechanischen Eigenschaften dieser Elastomere sind ebenfalls ungünstiger als bei Standardelastomeren. Dafür besitzen sie gute Wärme-, Wetter-/Ozon- und Ölbeständigkeit. Die Kälteflexibilität ist deutlich schlechter als bei den Standardelastomeren. Bei EVM werden Öl- und Kälteflexibilität durch unterschiedliche Anteile von Vinylacetat im Copolymer in weiten Grenzen beeinflusst. Diese beiden Eigenschaften verhalten sich, wie auch bei anderen vergleichbar aufgebauten Copolymeren, gegensätzlich.

Polare Elastomere: CO/ECO, NBR, HNBR

Diese Elastomere dieser Gruppe verfügen ebenfalls über gute Wärme- und Ölbeständigkeit. Außer bei CO/ECO ist das mechanische Wertebild gut und kann das Niveau der Standardelastomere erreichen. Die Wärmebeständigkeit ist vor allem bei HNBR relativ hoch. NBR zeigt gegenüber den anderen Elastomeren dieser Gruppe deutliche Einbußen bei der Wetter- und Ozonbeständigkeit und bedarf immer spezieller Schutzmittel.

Sowohl NBR als auch HNBR zeigen eine ausgeprägte Abhängigkeit der Öl- und Kälteflexibilität vom Anteil an Acrylnitril im Copolymer. Auch hier verlaufen beide Eigenschaften gegensätzlich.

Durch das aufwendige Herstellungsverfahren hat HNBR einen sehr hohen Preis.

Unpolare Elastomere: EPDM, IIR/BIIR/CIIR

Diese Elastomere zeichnen sich durch gute Kälteflexibilität, hohe Wärme- sowie Wetter- und Ozonbeständigkeit aus, sind jedoch nicht ölbeständig. Die mechanischen Eigenschaften erreichen mittleres Niveau.

Fluor- und Silikonelastomere: FKM, VMQ, FVMQ

Elastomere dieser Gruppen werden bei besonders hohen Anforderungen an Wärme- und Ölbeständigkeit eingesetzt. Dabei stellt FVMQ einen Kompromiss zwischen dem besonders wärmebeständigen FKM mit seiner ungünstigen Kälteflexibilität und dem etwas weniger wärme- und ölbeständigen, aber erheblich kälteflexibleren VMQ dar. Die mechanischen Eigenschaften sind jedoch nur mäßig; die fluorierten Kautschuke sind sehr teuer.

Thermoplastische Polyurethan-Elastomere: TPE-U

Bei diesen Produkten handelt es sich um Thermoplaste mit elastischen Komponenten. Daher lassen sie sich relativ preisgünstig verarbeiten. Ihre mechanischen Eigenschaften sind hervorragend; Kälteflexibilität und Ölbeständigkeit erreichen je nach Zusammensetzung ein mittleres bis gutes Niveau. Aufgrund des thermoplastischen Charakters ist TPE-U vernetzten Elastomeren bezüglich der gummielastischen Eigenschaften unterlegen und besitzt nur eine mittlere Wärmebeständigkeit, die aber für viele Anwendungen ausreicht.

5 Die Vernetzung von Kautschuken zu Elastomeren

5.1 Grundlagen

Die Vernetzung ist wesentlich für das gummielastische Verhalten der Elastomere. Sie bewirkt den Übergang vom plastischen zum elastischen Zustand. Kautschukmischungen sind noch nahezu beliebig verformbar und verfügen über eine nur geringe Elastizität. Durch die Vernetzung wird die aktuelle Form aufgrund der Vernetzungsbrücken zwischen den Kautschukmolekülen fixiert; gleichzeitig ist das auf diese Weise hergestellte Elastomer nun gummielastisch (Bild 5.1). Daher erfolgt die Formgebung immer vor der Vernetzung.

Werden Elastomere verformt, versuchen sie nach Entlastung selbstständig wieder die durch die Vernetzung fixierte Form anzunehmen (Gummielastizität). Im Vergleich zu Kautschukmischungen ist eine wesentlich höhere Kraft erforderlich, um die gleiche Verformung zu erzielen. Zwar setzen auch die unvernetzten Kautschukmoleküle aufgrund ihrer Verknäuelung der Verformung einen relativ hohen Widerstand entgegen und versuchen, sich nach Entlastung wieder zusammenzuziehen; ihre Rückstellkräfte sind jedoch deutlich geringer als die von Elastomeren (Bild 5.2).

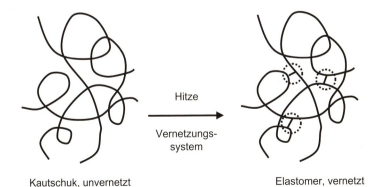

Bild 5.1: Durch weitmaschige Vernetzung entstehen aus Kautschuken Elastomere

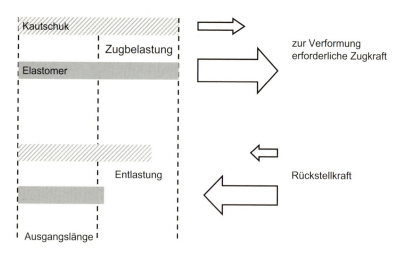

Bild 5.2: Kräftevergleich von Kautschuk und Elastomer bei Be- und Entlastung

Bei der Vernetzung werden die Polymerketten chemisch miteinander verbunden. Die Anzahl der Vernetzungsstellen, also die Vernetzungsdichte, bestimmt die mechanischen Eigenschaften des Elastomers. Mit zunehmender Vernetzungsdichte steigen Spannungswert, Zugfestigkeit, Härte, Elastizität und Weiterreißwiderstand; Bruchdehnung und Druckverformungsrest werden verringert. Zugfestigkeit und Weiterreißwiderstand durchlaufen dabei ein Maximum, das die optimale Vernetzungsdichte darstellt. Bei zu hoher Vernetzungsdichte wird das Produkt hart und spröde; bei zu geringer Vernetzungsdichte ist das Werteniveau des Elastomers unzureichend. Daher werden nicht alle vernetzungsfähigen Stellen ausgenutzt; die Vernetzung ist sehr weitmaschig und der Anteil der genutzten vernetzungsfähigen Stellen liegt in der Größenordnung von nur etwa 1 bis 3 %. Die Vernetzungsdichte hat nur einen geringen Einfluss auf die vom Kautschuk abhängigen Eigenschaften wie Gasdurchlässigkeit, Kälteflexibilität, Witterungs- oder chemischer Beständigkeit; bei extremen Anforderungen kann man jedoch besonders die Kälteflexibilität durch höheren Vernetzungsgrad noch geringfügig verbessern.

Die Vernetzungsreaktion verläuft bei Raumtemperatur sehr langsam, daher wird sie fast immer bei erhöhter Temperatur durchgeführt (Vulkanisation). Außerdem sind spezielle Chemikalien erforderlich, um die Vernetzung in akzeptabler Zeit ablaufen zu lassen (Vulkanisationsbeschleuniger).

Den Ablauf der Vernetzungsreaktion zeigt die Rheometer- oder Vulkanisationskurve (auch: Vernetzungsisotherme; Bild 5.3). Dabei wird eine Probe auf die erforderliche Vulkanisationstemperatur erwärmt und kontinuierlich verformt. Die hierzu erfor-

5.1 Grundlagen

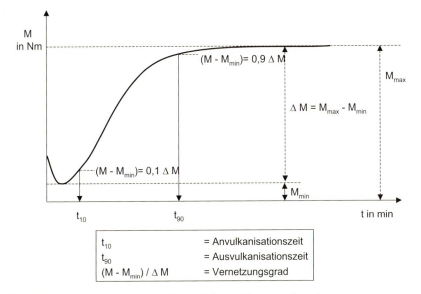

Bild 5.3: Vernetzungsisotherme (Vulkameterkurve, Rheometerkurve)

derliche Kraft wird als Drehmoment M gemessen. Mit steigendem Anteil vernetzter Stellen (Vernetzungsgrad) steigt auch die zur Verformung notwendige Kraft.

Zu Beginn der Messung wird die Probe durch die Aufheizung in der Messapparatur geringfügig erweicht, daher sinkt das Drehmoment zunächst ab. Mit einsetzender Vernetzung steigt das Drehmoment immer weiter und erreicht schließlich ein Maximum. Dieser Punkt entspricht der optimalen Vernetzungsdichte. Das Verhältnis der Drehmomente wird als Vernetzungsgrad definiert; bei optimaler Vernetzungsdichte beträgt der Vernetzungsgrad 100 %.

Bereits bei einem Vernetzungsgrad von etwa 10 % sind so viele Netzwerkbrücken vorhanden, dass eine plastische Verformung nicht mehr möglich ist; die Probe ist anvulkanisiert. Die Form des Fertigartikels kann nun nicht mehr korrigiert werden, da die bereits gebildeten Netzwerkbrücken die Makromoleküle wieder in die ursprüngliche Form zurückziehen würden. Der entsprechende Zeitpunkt t_{10} heißt Anvulkanisationszeit und markiert die maximale Fließzeit bei der Verarbeitung. Die Anvulkanisationszeit sollte idealerweise möglichst lang sein, um genügend Spielraum für die Lagerung und Formgebung von vernetzungsfähigen Kautschukmischungen zu haben. Aus diesem Grunde enthalten Kautschukmischungen, die längere Zeit gelagert werden sollen, kein Vernetzungssystem; dies wird erst unmittelbar vor der weiteren Verarbeitung eingemischt.

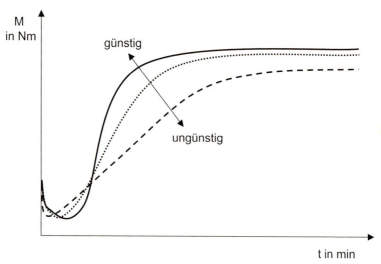

Bild 5.4: Verschiedene Vernetzungsisothermen im Vergleich

Der Vernetzungsgrad steigt nun immer weiter an. Dabei hängen der Verlauf der Vernetzungsreaktion und damit die Steigung der Vulkanisationskurve von Kautschuk, Mischungsaufbau und Temperatur ab. Bei etwa 90 % Vernetzungsgrad ist die Ausvulkanisationszeit oder Heizzeit t_{90} definiert. Hier ist die Vernetzung weitestgehend abgeschlossen; durch die schlechte Wärmeleitung der Kautschuke führt die im Material verbliebene Wärme zur vollständigen Ausvulkanisation. Längere Heizzeiten sind nicht wirtschaftlich und in einigen Fällen sogar ungünstig. Die Ausvulkanisationszeit sollte auch aus wirtschaftlichen Gründen so kurz wie möglich sein. Die ideale Vulkanisationskurve verläuft also relativ steil, dass heißt, sie verfügt über eine lange Anvulkanisationszeit und eine kurze Ausvulkanisationszeit (siehe Bild 5.4).

Bei Raumtemperatur läuft die Vernetzungsreaktion relativ langsam oder gar nicht ab. Die Zufuhr von Wärme erhöht die Reaktionsgeschwindigkeit (Bild 5.5.).

Übliche Vernetzungstemperaturen liegen zwischen etwa 140 °C bis über 200 °C. Die erforderliche Zeit wird durch Polymer und Vernetzungssystem, Größe des Artikels und das verwendete Verfahren bestimmt. Kleine Spritzgussartikel werden in nur wenigen Minuten bei hoher Temperatur hergestellt. Aufgrund der schlechten Wärmeleitfähigkeit der Kautschuke erfordern dagegen dickwandige Artikel lange Vulkanisationszeiten bei relativ niedriger Temperatur, um gleichmäßige Erwärmung und damit homogenen Vernetzungsgrad zu gewährleisten. Großvolumige Artikel, die im Dampf vulkanisiert werden, benötigen bis zu mehreren Stunden, bis die Ver-

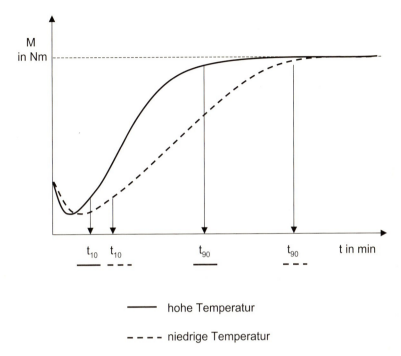

Bild 5.5: Einfluss der Temperatur auf die Geschwindigkeit der Vernetzungsreaktion

netzungsreaktion abgeschlossen ist. Auskleidungen von Kesseln oder Rohrleitungen werden mit Heißwasser von etwa 80 °C sogar über mehrere Tage vulkanisiert.

In einigen Fällen, etwa bei Chloroprenkautschuk, steigt die Vulkanisationskurve immer weiter an (marching modulus). Der optimale Vernetzungsgrad sowie der daraus resultierende Wert t_{90} werden empirisch (durch Versuche) ermittelt.

Vulkanisationszeiten deutlich über t_{90} sind insbesondere bei Naturkautschuk nachteilig und bewirken bereits einen Alterungseffekt. Durch die hier wieder einsetzende Kettenspaltung verringert sich die zur Verformung erforderliche Kraft; die Vulkanisationskurve fällt wieder ab (Reversion; Bild 5.6).

Die genaue Kenntnis der An- und Ausvulkanisationszeiten einer Kautschukmischung sind von entscheidender Bedeutung. Mit der Vulkanisationskurve kann die optimale Zusammensetzung des Vernetzungssystems bei der Vulkanisationstemperatur abgestimmt werden. Dies ist besonders bei solchen Artikeln erforderlich, die aus mehreren unterschiedlichen Mischungen bestehen, die alle zum gleichen Zeitpunkt ausvulkanisiert sein müssen, wie z. B. Reifen.

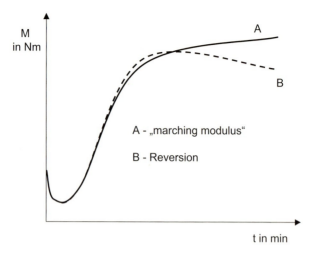

Bild 5.6: Marching Modulus und Reversion

In der Praxis werden die Begriffe Vernetzung und Vulkanisation oft synonym verwendet; obwohl die Vernetzung die chemische Reaktion und die Vulkanisation das technische Verfahren dazu darstellt. Dementsprechend bezeichnet man Elastomere auch als Vulkanisate; in der Umgangssprache hat sich eher der Begriff Gummi durchgesetzt.

5.2 Die Vernetzung mit Schwefel

Bei Dienkautschuken wie NR, BR, SBR, CR, NBR oder Kautschuken mit speziellen vernetzungsfähigen Copolymeren wie IIR oder EPDM erfolgt die Vernetzung hauptsächlich durch die Bildung von Brücken aus bis zu acht Schwefelatomen zwischen den einzelnen Polymerketten. Dadurch bleibt eine bestimmte Beweglichkeit der Polymerketten erhalten. Allerdings bewirkt die im Vergleich zu den Polymerketten geringe Kettenlänge dieser Netzwerkbrücken einen hohen Widerstand gegenüber Verformung und ist die Ursache für das Bestreben von Elastomeren, nach Verformung wieder die ursprüngliche Form anzunehmen (Rückstellkraft). Dieses Verhalten ist in bestimmten Grenzen reversibel, so dass Elastomere im Vergleich zu Thermoplasten oder Duroplasten flexibel sind.

5.2 Die Vernetzung mit Schwefel

Die Länge der Netzwerkbrücken hängt vom verwendeten Vernetzungssystem und den Vulkanisationsbedingungen ab. Arbeitet man mit elementarem Schwefel, erhält man vorzugsweise längere Ketten aus bis zu acht Schwefelatomen (polysulfidische Vernetzung); bei Einsatz bestimmter Chemikalien, die Schwefel freisetzen (Schwefelspender), sind kürzere Ketten bis hinunter zu einem oder zwei Schwefelatomen möglich (mono- oder disulfidische Vernetzung).

Die chemische Bindung zwischen Schwefelatomen ist etwas schwächer als zwischen Schwefel und Kohlenstoff. Daher hat die polysulfidische Vernetzung eine etwas geringere Wärmebeständigkeit als die mono- oder disulfidische Vernetzung. Die höhere Beweglichkeit polysulfidischer Vernetzungsstellen führt dagegen zu besserer dynamischer Beständigkeit aufgrund geringerer Wärmeentwicklung und Dämpfung. Mono- und disulfidische Vernetzungsstellen weisen dagegen reduzierten Druckverformungsrest und geringere Reversionsneigung auf. Das bei manchen Kautschuken beobachtete stetige Ansteigen der Vernetzungsisotherme (marching modulus) ist möglicherweise auf eine Umwandlung von polysulfidischen in mono- und disulfidische Vernetzungsstellen zurückzuführen.

Die Schwefelvernetzung erfordert Doppelbindungen in der Haupt- oder Seitenkette des Polymers. Sie erleichtern den benachbarten Kohlenstoffatomen die Reaktion mit Schwefel, bleiben aber auch nach der Vernetzung erhalten. Polymere ohne entsprechende Doppelbindungen sind nicht mit Schwefel vernetzbar.

Hohe Schwefelmengen sind ungünstig für die thermische Belastbarkeit. Hier arbeitet man vorzugsweise mit Schwefelspendern oder sehr geringen Dosierungen (unterhalb von 1 %, bezogen auf den Kautschuk). Für dynamisch beanspruchte Teile werden dagegen bis zu etwa 7 % Schwefel, bezogen auf den Kautschuk, eingesetzt. Oberhalb dieser Menge erhält man unbrauchbare, lederartige Produkte. Zur Herstellung von Hartgummi verwendet man zwischen 25 und 40 Teile Schwefel auf 100 Teile Kautschuk.

Neben Schwefel als Vernetzer sind weitere Chemikalien erforderlich, um die Geschwindigkeit der Vernetzungsreaktion einzustellen. Zusammen bilden sie das Vernetzungssystem (Vulkanisationssystem). Kautschuke mit gesättigter Hauptkette erfordern spezielle, schwefelfreie Vernetzungssysteme.

6 Kautschukchemikalien und Compounding

6.1 Aufbau von Kautschukmischungen (Compounding)

Zur Herstellung von Elastomeren werden Kautschuke mit verschiedenen Stoffen vermischt, in die gewünschte Form gebracht und anschließend durch Vulkanisation vernetzt. Solche Kautschukmischungen bestehen in der Regel aus einem, manchmal auch aus mehreren Kautschuken sowie verschiedenen Zuschlagstoffen, die für optimale Verarbeitbarkeit und für das gewünschte Eigenschaftsbild des Elastomerwerkstoffs erforderlich sind. Man bezeichnet die Zuschlagstoffe in ihrer Gesamtheit als Kautschukchemikalien, wobei man in folgende Gruppen unterscheidet:

- Füllstoffe,
- Weichmacher,
- Verarbeitungshilfsmittel,
- Alterungsschutzmittel,
- Vernetzungssystem,
- Spezialchemikalien.

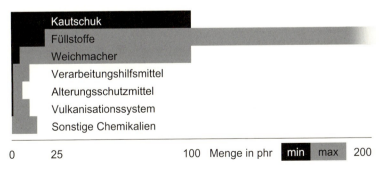

Bild 6.1: Prinzipielle Zusammensetzung einer Kautschukmischung (minimale und maximale Mengen)

Verschiedentlich werden die Füllstoffe und Weichmacher auch separat genannt, so dass der Begriff Kautschukchemikalien sich nur auf die übrigen Gruppen bezieht.

Eine Kautschukmischung stellt immer einen Kompromiss aus den Anforderungen an Verarbeitbarkeit, mechanischen Werten, Kosten und Umweltschutz dar. Dabei sind aufgrund der Vielzahl unterschiedlicher Anforderungen beträchtliche Unterschiede in der Zusammensetzung möglich, sogar bei dem gleichen Kautschuk. Bild 6.1 zeigt schematisch die Verteilung der einzelnen Komponenten.

Unterhalb einer bestimmten, für jedes Produkt spezifischen Menge bleiben die einzelnen Substanzen ohne Wirkung; bei Überschreiten der spezifischen Höchstmenge wird entweder keine weitere Leistungssteigerung oder sogar eine Verschlechterung des erzielten Eigenschaftsbildes erzielt. Der Wirkungsbereich hängt nicht nur von

Tabelle 6.1: Einfluss der verschiedenen Bestandteile von Kautschukmischungen

	Verarbeitungsverhalten	physikalische Eigenschaften	Temperaturbeständigkeit	Wetter-/Ozonbeständigkeit	Medienbeständigkeit	Preis
Kautschuk	++	++	++	++	++	++
Füllstoffe	++	++	(+)	$-/+^5$	$(+)^6$	++
Weichmacher	++	++	$(+)^4$	–	$(+)^7$	+
Verarbeitungshilfsmittel	++	–	–	–	–	–
Alterungsschutzmittel	$(+)^1$	$(+)^3$	(+)	++	–	–
Vernetzungssystem	$(+)^2$	++	++	–	–	(+)

++ = großer Einfluss   + = mittlerer Einfluss   (+) = mäßiger Einfluss   – = kein Einfluss

[1] in bestimmten Fällen Wechselwirkung mit dem Vernetzungssystem
[2] bei zu hohen Verarbeitungstemperaturen vorzeitige Vernetzung möglich
[3] insbesondere Ermüdungsbeständigkeit bei dynamischer Belastung
[4] unterschiedliche Flüchtigkeit beeinflusst die Änderung der mechanischen Werte
[5] Ruße absorbieren UV-Licht; daher sind rußgefüllte Elastomere nicht UV-empfindlich
[6] Verdünnungseffekt bei hohem Füllgrad
[7] Konkurrenz zwischen Weichmacher und Quellmedium oder Extraktion

der betreffenden Substanz ab, sondern auch vom Kautschuk sowie den anderen Komponenten, da sie sich in vielen Fällen gegenseitig beeinflussen. In der Regel bildet der Kautschuk die Hauptkomponente. Bei so genannten hochgefüllten Mischungen sind jedoch Füllstoffe und Weichmacher teilweise in gleichen oder sogar höheren Mengen wie der Kautschuk enthalten.

In der Gummiindustrie beziehen sich alle Mengenangaben additiv auf 100 Teile Kautschuk (phr = per hundred rubber). Eine Mischung mit 50 phr Füllstoff enthält also beispielsweise 50 kg Füllstoff auf 100 kg Kautschuk.

Die verschiedenen Mischungsbestandteile wirken sich unterschiedlich auf die Eigenschaften der Elastomere aus (Tabelle 6.1). Kautschuk, Füllstoffe und Weichmacher bestimmen im Wesentlichen die physikalischen und thermischen Grundeigenschaften; während Alterungsschutzmittel und das Vernetzungssystem innerhalb eines gewissen Rahmens eine Anpassung an die Umgebungsbedingungen ermöglichen.

6.2 Das Vernetzungssystem

Obwohl die Vernetzung von Kautschuken mit Schwefel bei steigender Temperatur immer schneller verläuft, sind für praktikable Zeiten zusätzliche Maßnahmen erforderlich. Zu hohe Temperaturen bewirken einen Abbau der Vernetzungsstellen und somit einen Rückgang von mechanischen Eigenschaften wie Spannungswert, Zugfestigkeit, Härte und Elastizität (Reversion).

6.2.1 Vulkanisationsbeschleuniger und Schwefelspender

Die Vernetzungsgeschwindigkeit kann durch basische organische Verbindungen deutlich erhöht werden. Diese Verbindungen beschleunigen die Vernetzung, in dem sie chemische Reaktionen mit dem Schwefel und dem Kautschuk eingehen, daher werden sie Vulkanisationsbeschleuniger genannt. Die einzelnen Produkte unterscheiden sich durch ihren Einfluss auf die An- und Ausvulkanisationszeit sowie auf die mechanischen Eigenschaften der Vulkanisate (Zugfestigkeit, Bruchdehnung, Härte, Elastizität und andere). Sie lassen sich aufgrund ihrer Zusammensetzung und der damit verbundenen unterschiedlichen Beschleunigerwirkung in Klassen einteilen:

- sehr schnelle (Ultra-) Beschleuniger: Dithiocarbamate, Xanthogenate
- schnelle Beschleuniger: Thiurame, Thioharnstoffe
- mittelschnelle Beschleuniger: Thiazole, Sulfenamide
  (beides Benzthiazol-Derivate)
- langsame Beschleuniger: Guanidine, Thiophosphate
- Schwefelspender: Thiurame, Caprolactame
  (keine Beschleunigerwirkung)

In vielen Vernetzungssystemen sind mehrere Beschleuniger miteinander kombiniert, um Verarbeitungsverhalten und Eigenschaftsprofil der Vulkanisate zu optimieren. Der Hauptbeschleuniger bestimmt dabei die resultierenden mechanischen Eigenschaften; mit den Zusatzbeschleunigern werden die An- oder Ausvulkanisationszeit angepasst. Da die Vernetzungsreaktion generell durch saure Bestandteile verzögert wird, ist bei mineralischen Füllstoffen, speziell Kieselsäuren, gegebenenfalls eine Kompensation durch Zusatz von Guanidinen erforderlich. Diese langsamen Beschleuniger steuern durch ihren basischen Charakter der verzögernden Wirkung saurer Füllstoffe entgegen, ohne die Mischung wieder zu sehr zu beschleunigen.

Schwefelspender setzen bei Vulkanisationstemperatur Schwefel frei. Aufgrund der hier entstehenden mono- und disulfidischen Vernetzungsstellen haben diese Vulkanisate eine bessere Wärmebeständigkeit sowie geringeren Druckverformungsrest. Hier ist insbesondere die Vulkanisation von NBR mit Thiuramen, die gleichzeitig als Beschleuniger wirken, hervorzuheben. Die so genannte Thiuramvulkanisation ohne freien Schwefel ist in der Dichtungstechnik sehr bedeutend.

Je nach Kautschukart und Anwendungsgebiet liegt die Summe der Beschleunigermenge zwischen 0,25 und 10 phr.

6.2.2 Vulkanisationsverzögerer

Nicht immer kann die Anvulkanisationszeit durch geeignete Beschleunigerkombinationen angepasst werden. Bei Vulkanisationssystemen auf der Basis von Schwefel und Beschleunigern kann die Vernetzungsreaktion durch saure organische Verbindungen, meist auf der Basis von Phthalsäurederivaten, verzögert werden, um vorzeitige Anvulkanisation zu vermeiden (Bild 6.2).

Man bezeichnet diese Stoffe als Vulkanisationsverzögerer oder Retarder.

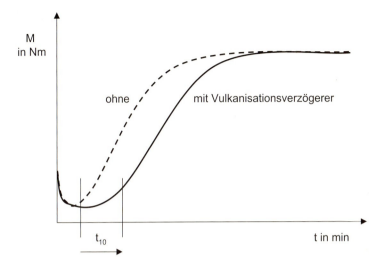

Bild 6.2: Prinzipielle Wirkung von Vulkanisationsverzögerern

6.2.3 Vernetzungsaktivatoren

Die Vernetzung mit Schwefel und Vulkanisationsbeschleunigern erfordert die Anwesenheit von Metalloxiden und Fettsäuren für eine effektiv ablaufende Vernetzungsreaktion.

Der wichtigste Aktivator ist Zinkoxid; meist werden 5 phr eingesetzt. Bei Brom- und Chlorbutylkautschuk, schwefelmodifiziertem Chloroprenkautschuk sowie bei carboxylierten Kautschuken wirkt Zinkoxid sogar als Vernetzer; Schwefel oder Vulkanisationsbeschleuniger sind nicht erforderlich.

Zinkoxide sind wie Füllstoffe in verschiedenen Aktivitäten verfügbar. Hochaktive Zinkoxide sind effektiver, aber besonders in Mischungen mit niedriger Viskosität schwierig einzumischen. Sie werden hauptsächlich für die Vernetzung von Latices sowie in höheren Dosierungen als Füllstoffe eingesetzt. Aktive Zinkoxide haben eine verstärkende Wirkung, erhöhen Wärme- und Ermüdungsbeständigkeit, Wärmeleitfähigkeit und Elastizität. Gemische aus Zinkoxid und Zinkcarbonat (basisches Zinkcarbonat) werden für transparente Artikel verwendet.

Bei halogenhaltigen Kautschuken verwendet man neben dem zur Vernetzung erforderlichen Zinkoxid zusätzlich Magnesiumoxid, um bei der Vernetzung freiwerdende saure Bestandteile abzufangen (Säureakzeptor). Bleioxide dienen insbesondere bei CR der verbesserten Beständigkeit gegen Quellung durch Wasser.

Fettsäuren (meist Stearinsäure) unterstützen in einer komplexen chemischen Reaktion mit Zinkoxid und Beschleunigern die Vernetzungsreaktion. In einer Dosierung von bis zu 1 phr wirken sie aktivierend; darüber hinaus (bis 5 phr) verbessern sie die Füllstoffverteilung (Verarbeitungshilfsmittel).

6.2.4 Peroxidvernetzung

Aufgrund der fehlenden Doppelbindungen in der Hauptkette ist die Vernetzung mit Schwefel bei gesättigten Kautschuken wie HNBR, EPM oder EVM nicht möglich. Die Vernetzung muss hier über energiereichere Verbindungen erfolgen; in der Regel verwendet man dazu Peroxide.

Peroxide zerfallen bei einer bestimmten Temperatur sehr rasch und bilden so genannte Radikale (Bruchstücke mit ungebundenen Elektronen). Diese sind sehr reaktiv und in der Lage, die im Vergleich zu Doppelbindungen wesentlich stabileren Einfachbindungen zwischen den Kohlenstoffatomen der Hauptkette aufzuspalten. Durch Rekombination der relativ großen Bruchstücke wird der Kautschuk schließlich vernetzt. Zusätzliche Aktivatoren stabilisieren die Radikale für einen kurzen Zeitraum und erhöhen damit Vernetzungsgeschwindigkeit und Vernetzungsgrad. Da durch Peroxide wieder Einfachbindungen zwischen den Kohlenstoffatomen entstehen, haben peroxidvernetzte Elastomere höhere Wärmebeständigkeit, geringeren Druckverformungsrest sowie geringere Reversionsneigung als schwefelvernetzte Elastomere. Allerdings sind Bruchdehnung, Weiterreißwiderstand und dynamische Belastbarkeit geringer als bei der Schwefelvulkanisation.

Solange die Zerfallstemperatur des verwendeten Peroxids deutlich unterschritten wird, besitzt die Mischung ausreichend Fließfähigkeit; erst bei Erreichen der Zerfallstemperatur erfolgt rasche Vernetzung, die nicht mehr verzögert werden kann. Die Auswahl des Peroxids richtet sich unter anderem nach seiner Halbwertszeit bei der Vulkanisationstemperatur. In dieser Zeit soll mindestens die Hälfte des Peroxids zerfallen sein, üblicherweise liegt sie unterhalb von 10 Minuten. Die Beschleunigung der Peroxidvernetzung ist allenfalls durch eine Temperaturerhöhung möglich; bei Bedarf wird man jedoch ein besser geeignetes Peroxid auswählen.

Da Peroxide relativ instabil sind, werden sie fast nur als Abmischungen mit Füllstoffen angeboten; die Bruttodosierung (mit Füllstoff) beträgt je nach Peroxidgehalt (meist 40 %), Zusammensetzung und Kautschuk zwischen 4 und 12 phr.

Üblicherweise werden zusätzlich Peroxidaktivatoren eingesetzt, die die gebildeten Radikale über eine gewisse Zeit stabilisieren und damit die Vernetzungsausbeute erhöhen.

Die hohe Reaktivität der Peroxide ist gleichzeitig ein Nachteil; die meisten Produkte reagieren mit Sauerstoff, was bei Heißluftvulkanisation zu klebrigen Oberflächen aufgrund ungenügend vernetzten Kautschuks führt. Weiterhin reagieren sie mit allen Chemikalien, die Doppelbindungen enthalten, wie aromatischen Weichmachern, aminischen und phenolischen Alterungsschutzmitteln (speziell Paraphenylendiaminen) sowie ungesättigten Fettsäuren (Stearinsäure). Diese Produkte wirken deaktivierend auf die Peroxidvernetzung und führen zu einem verringerten Vernetzungsgrad, daher dürfen sie nicht in peroxidhaltigen Mischungen verwendet werden. Zinkoxid ist bei der Peroxidvernetzung nicht zwingend erforderlich, erhöht aber geringfügig die Wärmebeständigkeit und wirkt bei der Peroxidvernetzung halogenhaltiger Polymere als Säureakzeptor. Die Peroxidvernetzung ist auch bei Dienkautschuken prinzipiell möglich, führt aber nicht immer zu befriedigenden Ergebnissen.

6.2.5 Weitere Vernetzungsarten

Für Vulkanisate mit hohen Anforderungen an Wärme- und Dampfbeständigkeit auf der Basis von IIR oder EPDM werden Harze, beispielsweise auf der Basis von Chinondioxim, eingesetzt. Allerdings verläuft die Vernetzung relativ langsam.

Thioharnstoffe gehören zu den Ultrabeschleunigern und führen bei Dienkautschuken zu extrem kurzen Anvulkanisationszeiten, so dass die entsprechenden Mischungen nicht zu verarbeiten sind. Sie werden bei CR, CSM, CO und ECO verwendet. Bei ECO werden auch Vulkanisationssysteme auf der Basis von Triazinen verwendet.

Alle Kautschuke lassen sich mit Isocyanaten vernetzen; man verwendet diese Produkte daher auch für die Verbesserung der Haftung an Metallen, da sie sowohl mit den Polymeren als auch mit den Metallen reagieren.

In der Kabelindustrie verwendet man die kontinuierliche Vernetzung mit energiereichen Strahlen (Beta-Strahlen). Wie bei der Peroxidvernetzung findet zunächst eine Spaltung der Makromoleküle durch freigesetzte Radikale mit anschließender Rekombination statt.

6.3 Füllstoffe

Füllstoffe beeinflussen die rheologischen und mechanischen Eigenschaften von Elastomeren. Je nach Art und Oberflächengröße der Füllstoffe treten unterschiedlich starke Wechselwirkungen mit den Kautschukmolekülen auf. Die Wechselwirkungen sind umso stärker, je größer die spezifische Oberfläche (Verhältnis von Oberflächengröße zu Masse eines Füllstoffpartikels) ist, da hier eine intensivere Berührung mit dem Kautschuk erfolgt (Bild 6.3).

Die Wechselwirkungen zwischen Kautschuk und Füllstoff erhöhen den Widerstand gegen Verformung; es ist also eine größere Kraft erforderlich, um gefüllte Kautschukmischungen zu verformen, zu dehnen oder zu zerreißen (Bild 6.4). Dies gilt in weit höherem Maß für Vulkanisate, da durch die Netzwerkbrücken zusätzliche Bindungen entstanden sind.

Aufgrund der unterschiedlichen Beeinflussung der rheologischen und mechanischen Eigenschaften wird zwischen aktiven (verstärkenden) und nicht aktiven (nicht verstärkenden) Füllstoffen unterschieden. Innerhalb einer Füllstoffart steigt die Aktivität mit der Größe der spezifischen Oberfläche.

Aktive Füllstoffe erhöhen Härte, Spannungswert, Zugfestigkeit und Abriebfestigkeit von Elastomeren. Aufgrund der starken Wechselwirkungen mit dem Kautschuk

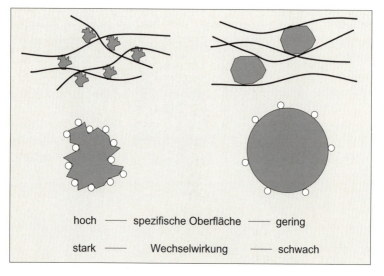

Bild 6.3: Wechselwirkung von Kautschuk und Füllstoffen unterschiedlicher Aktivität

steigt auch die Viskosität der Mischung, was die Einarbeitung aktiver Füllstoffe erschweren kann.

Als aktive Füllstoffe werden hauptsächlich Ruße mit unterschiedlichen Partikelgrößen und spezifischen Oberflächen eingesetzt. Neben den vorgenannten Einflüssen auf die mechanischen Eigenschaften erhöhen sie auch die elektrische Leitfähigkeit; speziell zu diesem Zweck hergestellte Ruße heißen Leitruße.

Für weiße oder farbige Mischungen werden spezielle Kieselsäuren eingesetzt. Aufgrund ihres sauren Charakters deaktivieren sie die basischen Beschleuniger der Schwefelvernetzung. Dies führt zu einem verringerten Vernetzungsgrad, was sich besonders durch einen im Vergleich zu Rußen relativ hohen Druckverformungsrest zeigt. Da Kieselsäurefüllstoffe auf der anderen Seite den Weiterreißwiderstand stark verbessern, werden sie auch in Kombination mit Rußen eingesetzt. Bei Reifenmischungen nutzt man die geringere Wärmeentwicklung bei dynamischer Belastung sowie den reduzierten Rollwiderstand aus. Kieselsäuren sind ebenfalls für eine gute Haftung an verstärkenden Substraten wie Textil- oder Stahlcord erforderlich.

Allerdings führen Kieselsäuren zu einer wesentlich ausgeprägteren Steigerung der Mischungsviskosität als Ruße. Durch spezielle Aktivatoren wie Polyethylenglykol, Amine oder Silane kann der negative Effekt auf das Vernetzungssystem teilweise kompensiert werden. Insbesondere Silane ermöglichen einen deutlich reduzierten Druckverformungsrest und gleichzeitig eine erhebliche Verringerung der Mischungsviskosität. Solche Mischungen können in bestimmten Fällen (NBR) gegenüber Rußmischungen eine etwas höhere Wärmebeständigkeit aufweisen.

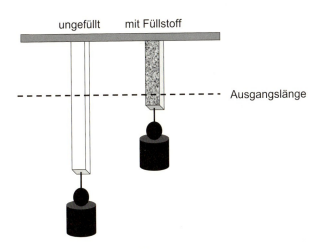

Bild 6.4: Verstärkerwirkung von Füllstoffen

Inaktive Füllstoffe wie Kaolin oder Kreide zeigen nur mäßigen Einfluss auf die mechanischen Eigenschaften. Sie bewirken lediglich eine Reduzierung des Kautschukanteils, wodurch die Verarbeitung erleichtert wird, und werden hauptsächlich als Streckmittel eingesetzt. Aluminiumhydroxid wird überwiegend als Flammschutzmittel, vorzugsweise in EVM, eingesetzt.

6.4 Weichmacher

Die im Vergleich zu Kautschukmakromolekülen sehr kleinen Moleküle von Weichmachern erhöhen die Beweglichkeit der Polymerketten und verringern auf diese Weise die Viskosität. Damit wird auch die zur Verformung erforderliche Kraft reduziert (Bild 6.5).

Weichmacher reduzieren Härte und Spannungswert von Elastomeren; Bruchdehnung und Elastizität steigen an. Auch die Volumenquellung lässt sich durch Weichmacher teilweise kompensieren oder zumindest verzögern. Die meisten Syntheseweichmacher verbessern die Kälteflexibilität.

Weichmacher sind chemisch nicht an das Polymer gebunden. Aufgrund ihres niedermolekularen Aufbaus haben sie in Abhängigkeit von ihrer Zusammensetzung eine mehr oder weniger ausgeprägte Flüchtigkeit und verdunsten daher bei längerer Wärmeeinwirkung. Hierdurch steigen Härte und Spannungswert; dagegen werden

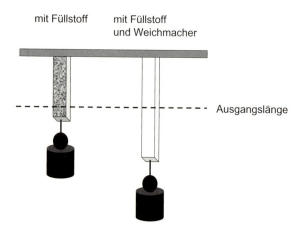

Bild 6.5: Einfluss von Weichmachern

Bruchdehnung und Elastizität verringert. Das Ausmaß und die Geschwindigkeit dieser Änderungen hängen vom verwendeten Weichmacher ab. Es ist daher nicht möglich, die Wärmebeständigkeit von Elastomeren mit Weichmachern zu erhöhen. Da die verschiedenen Weichmacher jedoch unterschiedliche Flüchtigkeit aufweisen, lässt sich durch geeignete Auswahl die wärmealterungsbedingte Änderung der mechanischen Werte (Abfall der Bruchdehnung; Anstieg von Spannungswert und Härte) entsprechend verzögern. Allerdings sind aufgrund der unterschiedlichen Polaritäten der Kautschuke nicht alle Weichmacher in gleichen Mengen einsetzbar; nicht verträgliche Weichmacher schwitzen beim Überschreiten einer oft nur geringen Menge aus.

Insbesondere bei hohen Anforderungen an die Kälteflexibilität, die mit schwerflüchtigen Weichmachern kaum zu erreichen sind, ist daher manchmal ein Kompromiss bei der Wahl des Weichmachers erforderlich. Weiterhin stören viele Weichmacher, besonders auf der Basis von aromatischen Mineralölen, die Peroxidvernetzung, was neben ihrer Flüchtigkeit den Einsatz bei hohen Anforderungen an die Wärmebeständigkeit einschränkt.

Mineralölweichmacher, vorzugsweise naphthenische und paraffinische, finden aufgrund ihrer guten Verträglichkeit in wenig polaren Kautschuken wie NR, BR, EPM/EPDM und IIR/BIIR/CIR Verwendung; für SBR verwendet man auch aromatische Mineralöle. Aufgrund des niedrigen Preises werden Mineralölweichmacher insbesondere bei der Reifenherstellung eingesetzt. Sie sind ungünstig für die Kälteflexibilität; aufgrund der guten Tieftemperatureigenschaften der für die Reifenherstellung eingesetzten Polymere ist dies jedoch nur von sekundärer Bedeutung.

Aromatische Mineralölweichmacher sind auch in CR gut verträglich und stören dessen Kristallisation, aber für eine gute Tieftemperaturflexibilität ungünstig. Bei gleichzeitiger Anforderung an niedrige Kristallisationsgeschwindigkeit und guter Tieftemperaturflexibilität verwendet man spezielle, langsam kristallisierende CR-Typen in Kombination mit Syntheseweichmachern.

Syntheseweichmacher, insbesondere Dioctylsebacat (DOS), aber auch Dioctyladipat (DOA), werden hauptsächlich in CR, CM, CSM und NBR zur Optimierung der Kälteflexibilität eingesetzt; in CR und NBR sind auch Weichmacher auf Basis Ether/Thioether weit verbreitet. Letztere sind weniger flüchtig als Sebacate oder Adipate und führen daher zu geringeren Einbußen bei der Heißluftalterung. Eine noch geringere Flüchtigkeit bei gleichzeitig niedriger Extrahierbarkeit haben die relativ teuren Polyesterweichmacher, die für HNBR und CO/ECO eingesetzt werden. Hier ist dafür die Verbesserung der Kälteflexibilität weniger ausgeprägt, weshalb bei HNBR meist Trioctyltrimellitat (TOTM) verwendet wird.

Für Fluor- und Silikonkautschuk werden, falls erforderlich, spezielle Produkte eingesetzt; bei EVM, ACM und EAM werden keine Weichmacher verwendet.

Phosphorsäureester werden zur Verbesserung der Flammwidrigkeit eingesetzt. Für Anwendungen in Kontakt mit Lebensmitteln werden auch Produkte auf Pflanzenbasis, wie epoxidiertes Sojabohnenöl, verwendet. In CM wird dieses auch als Hitzestabilisator verwendet.

6.5 Verarbeitungshilfsmittel

Auch Verarbeitungshilfsmittel sind niedermolekulare Produkte, wie etwa Fettsäuren (Stearinsäure), Glykole, Wachse oder Harze. Man kann sie als eine Variante der Weichmacher betrachten. Zu den Verarbeitungshilfsmitten zählen Fließhilfsmittel für die optimale Füllung von Spritzgießformen, Dispergatoren für verbesserte Verteilung und Homogenisierung der einzelnen Bestandteile in einer Kautschukmischung, Produkte zur Erhöhung der Konfektionsklebrigkeit oder für eine glattere Oberfläche von Extrudaten und andere. Üblicherweise werden die Eigenschaften der Elastomere von Verarbeitungshilfsmitteln nicht beeinflusst, jedoch stören einige Produkte die Peroxidvernetzung, da sie Doppelbindungen enthalten.

6.6 Alterungsschutzmittel

Die Einwirkung von Sauerstoff, Ozon oder energiereichem Licht (UV-Licht) verursacht Änderungen der Elastomereigenschaften, insbesondere bei längerer Einwirkungszeit oder wenn mehrere dieser Einflüsse gleichzeitig auftreten. Man bezeichnet die dann ablaufenden Prozesse, die bis zur vollständigen Zerstörung des Elastomerwerkstoffs führen können, als Alterung.

Durch Sauerstoff wird das gesamte Volumen des Gummiartikels oxidiert; es tritt Verhärtung und Versprödung ein. Ozon oder UV-Licht führen zunächst zur Bildung von Rissen an der Oberfläche. Bei fortdauerndem Einfluss werden die Risse breiter und tiefer, bis das Elastomer schließlich vollständig zerstört ist. Der Angriff durch Ozon erfordert eine bestimmte Mindestdehnung, diese so genannte kritische Dehnung liegt bei Naturkautschuk bei etwa 3 %. Das Risswachstum steigt schnell mit zunehmender Dehnung, Ozonkonzentration und Luftfeuchtigkeit.

Die Beständigkeit gegen Alterungseinflüsse hängt wesentlich vom Kautschuk ab, der dem entsprechenden Elastomer zugrunde liegt, sowie vom verwendeten Ver-

6.6 Alterungsschutzmittel

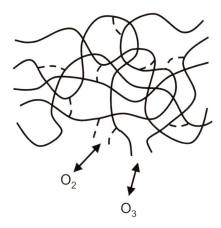

Bild 6.6: Einwirkung von Sauerstoff und Ozon

netzungssystem. Dabei verhalten sich Elastomere mit Doppelbindungen in der Hauptkette, insbesondere bei Schwefelvernetzung, gegenüber gesättigten und peroxidvernetzten Elastomeren als nachteilig, da die Netzwerkbrücken leicht gespalten werden; im Fall von Ozon auch die Hauptkette (Bild 6.6).

Bei Naturkautschuk führt die Kettenspaltung an der Doppelbindung zu einer Erweichung des Elastomers. Bei Synthesekautschuken reagieren die entstandenen Bruchstücke wieder miteinander. Diese Rekombinationen wirken wie eine Nachvernetzung und lassen das Elastomer bei der Alterung verhärten.

Die Reaktionsgeschwindigkeit der Alterung durch Sauerstoff oder Ozon steigt mit zunehmender Temperatur; Elastomere altern mit zunehmender Einsatztemperatur also immer schneller. Durch dynamische Belastung wird die Alterung ebenfalls begünstigt, was schließlich zu Ermüdung oder Zermürbung führt.

Die Reaktion mit Sauerstoff wird durch Metallionen wie Eisen, Kobalt oder Nickel beschleunigt. Aufgrund dieses katalytischen Effekts bezeichnet man sie auch als Kautschukgifte. Bei der Auswahl heller Füllstoffe ist zu beachten, dass sie möglicherweise Mineralien aus diesen Elementen enthalten und sich daher ungünstig auf die Alterungsbeständigkeit auswirken können.

Durch bestimmte Chemikalien lassen sich die genannten Alterungsprozesse verzögern. Solche Alterungsschutzmittel fangen durch ihren besonderen chemischen Aufbau Sauerstoff oder Ozon ab, so dass diese weniger häufig mit den Doppelbindungen im Elastomer reagieren. Da Sauerstoff oder Ozon jedoch laufend aus der Umgebung nachgeliefert werden, ist für eine längerfristige Schutzwirkung ein Überschuss an Alterungsschutzmittel erforderlich (Depot-Effekt).

Da die verschiedenen Alterungs- und Ozonschutzmittel unterschiedliche Wirkungsspektren haben, werden je nach Erfordernis oft mehrere Schutzmittel in einer Rezeptur kombiniert.

Paraphenylendiamine zeigen die beste Schutzwirkung gegen Wärme- und Sauerstoffalterung sowie gegen Ozonrissbildung und Ermüdung. Allerdings führen sie zu starker Verfärbung der Elastomere und der mit ihnen in Berührung kommenden Gegenstände (Kontaktverfärbung, Bild 6.7), weshalb sie nur in Rußmischungen verwendet werden. Aminische und phenolische Alterungsschutzmittel sind mäßig oder nicht verfärbend, haben allerdings auch keine Schutzwirkung gegenüber Ozonrissbildung oder Ermüdungsrissbildung.

Da der Angriff von Ozon zunächst an der Oberfläche der Elastomere beginnt, werden spezielle Paraffinwachse als Schutzfilm eingesetzt. Die Schutzwirkung dieser Wachse ist begrenzt; ihre Hauptaufgabe ist vielmehr, die Beweglichkeit der Ozonschutzmittel im Elastomer zu erhöhen und diese rasch an die Oberfläche zu transportieren. Dieser Transport wird durch dynamische Belastung begünstigt. Bei unbelasteten Elastomeren kann die an der Oberfläche vorliegende Menge an Ozonschutzmitteln nach einer bestimmten Zeit aufgebraucht sein, so dass sie nach längerer Lagerung Ozonrisse aufweisen. Werden diese Artikel nun dynamisch belastet, fallen sie rasch aus.

Die meisten Alterungsschutzmittel, insbesondere Paraphenylendiamine, wirken sich störend auf die Peroxidvernetzung aus, da sie auch die dort freigesetzten und für die Vernetzung erforderlichen Radikale abfangen. Dadurch werden sowohl die Alterungsschutzmittel deaktiviert als auch der Vernetzungsgrad verringert, was sich ungünstig auf Zugfestigkeit, Spannungswert und Druckverformungsrest auswirkt. Allerdings sind die meisten peroxidvernetzten Elastomere aufgrund fehlender Doppelbindungen ohnehin weniger anfällig gegen den Angriff von Ozon.

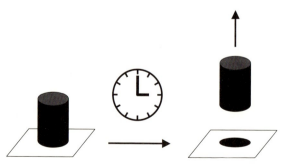

Bild 6.7: Kontaktverfärbung

Die Alterung durch UV-Licht spielt nur bei hellen Elastomererzeugnissen eine Rolle, da Ruße als UV-Absorber wirken. UV-Licht kann die an der Oberfläche befindliche Polymermatrix zerstören, wodurch der Füllstoff nicht mehr gebunden ist und abkreidet (crazing). Zur Vermeidung müssen spezielle UV-Absorber eingesetzt werden.

6.7 Haftmittel

Verbundwerkstoffe wie Reifen, Förderbänder, Keilriemen, Schläuche oder beschichtete Gewebe müssen sowohl elastisch sein, als auch Zug- oder Druckbelastung widerstehen. Da Elastomere sich bei Belastung verformen, ist zur Kraftübertragung ein Festigkeitsträger erforderlich. Solche Verstärkungen bestehen je nach Belastung aus einer oder mehreren Lagen Textil- oder Stahlcord, teilweise werden beide miteinander kombiniert. In einem solchen Verbundwerkstoff bewirkt das Elastomer die gewünschte Elastizität, das verstärkende Material überträgt die anliegenden Kräfte und erhält die Dimensionsstabilität. Für Textilcorde werden meist Fasern aus Polyamid, Polyester oder Aramid verwendet (Bild 6.8).

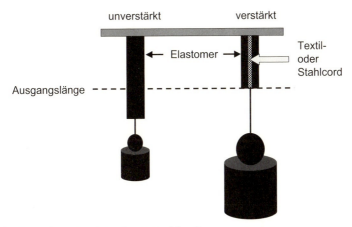

Bild 6.8: Verstärkung durch Textil- oder Stahlcord

Aufgrund der meist nur geringen Haftung dieser Festigkeitsträger zum umgebenden Elastomer würden die Verbundwerkstoffe bei dynamischer Belastung durch innere Reibung sehr schnell zerstört.

Spezielle Harze auf der Basis von Resorcin gehen chemische Bindungen sowohl zum Kautschuk als auch zu Textil- oder Stahlcord ein, wodurch die Haftung deutlich verbessert wird. Textilcorde werden dazu in einem Tauchbad mit einer Lösung aus Resorcin und Formaldehyd und einem speziellen Latex (RFL-Dip) imprägniert. Bei der anschließenden Trocknung bildet sich ein Resorcin-Formaldehyd-Harz. Stahlcorde erhalten einen Überzug aus Messing oder Zink. Zusätzliche Haftmittelkomponenten werden mit in die Kautschukmischung eingemischt. Auch sie basieren auf Resorcin-Formaldehyd-Harzen. Diese so genannten Direkthaftmittel beschleunigen jedoch die Vernetzungsreaktion, daher müssen Vernetzungssystem und Haftmittel aufeinander abgestimmt werden, um optimale Haftung zu erzielen. Die meisten Haftmittel deaktivieren Peroxide, daher muss bei peroxidvernetzten Mischungen der jeweilige Festigkeitsträger mit Haftmitteln auf der Basis von Isocyanaten vorbehandelt werden. Die Haftung zu Massivmetall erfolgt generell über eine Vorbehandlung mit Isocyanaten.

6.8 Mastizierhilfsmittel

Naturkautschuk besitzt Makromoleküle mit relativ hoher Kettenlänge. Daher hat Naturkautschuk eine relativ hohe Viskosität. Um die Viskosität zu senken und damit die Verarbeitung zu erleichtern, müssen die Polymerketten durch hohe Scherkräfte auf Walzwerken gespalten werden (Mastikation). Die Anwesenheit von Luftsauerstoff unterbindet die Rekombination der Bruchstücke. Dieser energieaufwendige Prozess kann durch so genannte Mastizierhilfsmittel verkürzt werden, die den Abbau der Polymerketten katalysieren (Bild 6.9).

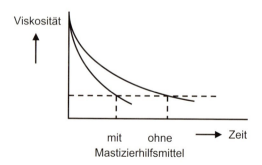

Bild 6.9: Wirkung von Mastizierhilfsmitteln

Synthesekautschuke werden von vornherein mit unterschiedlichen Kettenlängen und entsprechend verschiedenen Viskositätsbereichen hergestellt; hier sind keine Mastizierhilfsmittel erforderlich.

6.9 Sonstige Produkte

Für die Herstellung von Moos- und Zellgummi werden Treibmittel verwendet, die beim Erwärmen Gase freisetzen. Hier ist auf besonders genaue Abstimmung mit dem Vulkanisationssystem zu achten, um eine gleichmäßige Porenstruktur zu erzielen.

Für farbige Gummiartikel werden verschiedene Pigmente und andere Farbstoffe verwendet. In der Regel werden farbige Mischungen auf separaten Maschinen hergestellt, da schon kleine Verunreinigungen durch Ruß alle anderen Farben überdecken. Als verstärkende Füllstoffe werden hier aktive Kieselsäuren verwendet; weiterhin Kaoline oder Kreiden als Extenderfüllstoffe. (Im allgemeinen Sprachgebrauch unterscheidet man zwischen Rußmischungen und hellen Mischungen, wobei letztere weiß oder farbig sind).

6.10 Zusammenfassung und Überblick

Zur Herstellung von Elastomeren verwendet man Mischungen aus Kautschuken, Füllstoffen, Weichmachern und anderen Kautschukchemikalien. Nach der Formgebung werden diese Mischungen vernetzt. Durch geeigneten Mischungsaufbau lassen sich sowohl das Verarbeitungsverhalten als auch die mechanischen Eigenschaften in bestimmten Grenzen beeinflussen. Die Viskosität des Kautschuks sowie die Art und Menge der eingesetzten Füllstoffe und Weichmacher bestimmen die Mischungsviskosität sowie die mechanische Eigenschaften wie Zugfestigkeit und Härte. Obwohl die Beständigkeit gegenüber Chemikalien und Umwelteinflüssen durch den Kautschuk weitestgehend festgelegt ist, können Alterungsschutzmittel zu erhöhter Lebensdauer bei Einflüssen wie Bewitterung, Wärme, Ozon, UV-Licht oder auch Ermüdungsbeanspruchung beitragen. Das Vernetzungssystem ist entscheidend für den Gummicharakter und beeinflusst die Wärmebeständigkeit. Dabei ist zu beachten, dass sich die verschiedenen Bestandteile einer Kautschukmischung zum Teil gegenseitig beeinflussen.

7 Die Verarbeitung von Kautschuken und Kautschukmischungen

7.1 Grundlagen

Die bestmögliche Verteilung von Vernetzungssystem, Füllstoff, Weichmacher und anderen Mischungsbestandteilen im Kautschuk ist wesentlich für ein optimales Eigenschaftsbild des Vulkanisats. Daher muss durch geeignete Mischverfahren die größtmögliche Homogenität erzielt werden. Die einzelnen Komponenten müssen sich möglichst innig berühren.

Mischmaschinen für Kautschukmischungen basieren auf dem Prinzip, Füllstoffe, Weichmacher und Kautschukchemikalien mit zwei parallel angeordneten rotierenden Zylindern durch Scherung und Druck in den Kautschuk einzuarbeiten. Die dabei entstehende Reibungswärme erhöht die Temperatur des Mischguts, dadurch verbessert sich die Fließfähigkeit des Kautschuks. Allerdings müssen zu hohe Temperaturen vermieden werden, um thermischen Abbau der Polymere oder – bei vernetzungsfähigen Mischungen – vorzeitige Anvulkanisation zu verhindern. Bei Naturkautschuk nutzt man vor dem eigentlichen Mischprozess den thermischen Abbau gezielt zur Verringerung der Kettenlänge (Mastikation). Hierdurch sinkt die Viskosität und die Fließfähigkeit wird verbessert. Synthesekautschuke haben einerseits eine bessere Wärmebeständigkeit, andererseits sind sie bereits in verschiedenen Viskositäten verfügbar, daher ist eine Mastikation nicht erforderlich.

Die verknäuelten Kautschukmoleküle besitzen nicht die Beweglichkeit von linearen Thermoplastketten. Sie sind zwar fast beliebig verformbar, setzen aber aufgrund ihrer Verknäuelung der Verformung einen relativ hohen Widerstand entgegen (Rohfestigkeit, Green Strength). Zwar erleichtert die im Verlaufe des Mischprozesses ansteigende Temperatur das Fließen, im Gegensatz zu Thermoplasten tritt aber kein Schmelzen des Polymeren ein. Aufgrund der hohen Rückstellkräfte sind für die Verarbeitung von Kautschuken und Kautschukmischungen Maschinen mit deutlich größerer Antriebsleistung als für die Thermoplastverarbeitung erforderlich.

In den meisten Fällen erfolgt die Verarbeitung in mehreren Stufen. Zunächst werden Kautschuk, Füllstoffe, Weichmacher und die meisten Kautschukchemikalien im Innenmischer gemischt. Dabei treten je nach Polymer, Mischungsaufbau und Mischweise Ausstoßtemperaturen von etwa 100–150 °C auf. Um vorzeitige Anvulkanisation zu vermeiden, werden die Vernetzungschemikalien meist in einem zweiten

Schritt bei niedrigeren Temperaturen (je nach Vernetzungssystem und Polymer zwischen 40 und 80 °C) auf einem Walzwerk nachgemischt. Auch das Mastizieren von Naturkautschuk erfolgt meist auf dem Walzwerk.

Für die Zwischenlagerung werden die Mischungen zu Fellen von etwa einem Zentimeter Dicke ausgewalzt. Bei Mischungen, die über einen längeren Zeitraum gelagert werden, erfolgt das Einmischen der Vernetzungschemikalien oft erst unmittelbar vor der Formgebung. Schließlich wird die Kautschukmischung vulkanisiert und damit der Kautschuk vernetzt.

7.2 Innenmischer

Die wichtigsten Mischmaschinen in der Gummiindustrie sind Innenmischer (auch: Kneter, Bild 7.1 und Bild 7.2). Die geschlossene Mischkammer verringert die Staubbildung; speziell konstruierte Rotoren (auch: Schaufeln) verkürzen die

Bild 7.1: Hochleistungsinnenmischer (Quelle: Harburg-Freudenberger GmbH)

Bild 7.2: Komponenten eines Hochleistungsinnenmischers (Quelle: Harburg-Freudenberger GmbH)

Mischzeiten im Vergleich zu Walzwerken erheblich und führen zu einer guten Reproduzierbarkeit.

Man unterscheidet zwischen Innenmischern mit ineinander greifenden und solchen mit tangierenden Rotoren (Bild 7.3). Ineinander greifende (auch: kämmende) Rotoren ermöglichen durch aufgesetzte Schneckenblöcke gegenüber tangierenden Rotoren eine bessere Dispersion und geringere Mischungstemperaturen; daher sind solche Maschinen auch für einstufige Mischprozesse in Gebrauch (die Mischung wird einschließlich des Vernetzungssystems im Innenmischer hergestellt). Konstruktionsbedingt müssen ineinander greifende Rotoren mit gleicher Geschwindigkeit laufen; tangierende Rotoren arbeiten üblicherweise mit leicht veränderten Drehzahlen (Friktion; Drehzahlverhältnis etwa 1,1 : 1). Innenmischer mit tangierenden Rotoren sind billiger als solche mit ineinander greifenden Rotoren und ermöglichen größere Durchsatzmengen.

Die Rotoren sind meist horizontal fixiert; bei besonderen Bauweisen lässt sich jedoch auch die Spaltbreite zwischen den Rotoren verändern. Übliche Drehzahlen betragen um 30–40 min^{-1}.

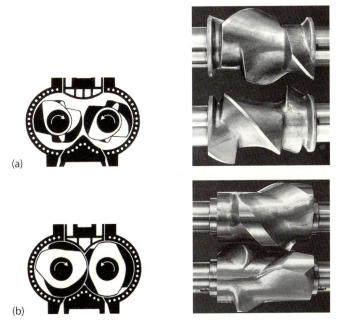

Bild 7.3: (a) Tangierende und (b) ineinander greifende Rotoren (Quelle: Harburg-Freudenberger GmbH)

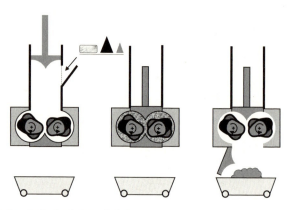

Bild 7.4: Arbeitsprinzip des Innenmischers

Zum Mischen wird meistens der Kautschuk vorgegeben; anschließend erfolgt die Zugabe von Füllstoff und Weichmacher in bestimmten zeitlichen Abständen. Kautschukchemikalien werden als letztes zugegeben; üblicherweise jedoch ohne Vernetzungschemikalien, um vorzeitige Anvulkanisation zu vermeiden. Nach jeder Zugabe wird der Einfüllschacht geschlossen und die Mischung mit einem hydraulischen Stempel (4 bis 8 bar) in die Mischkammer gepresst. Durch das Erhöhen des Stempeldrucks kann, falls erforderlich, die Dispersion verbessert werden. Durch Beobachtung von Kraftaufnahme und Temperatur wird der Ausstoßzeitpunkt festgelegt. In der Regel ist die optimale Durchmischung nach wenigen Minuten erreicht und der Mischungsklumpen wird durch Schwenken des Klappsattels nach unten ausgeworfen (Bild 7.4). Trotz Kühlung von Gehäuse und Rotoren werden Ausstoßtemperaturen von bis zu 150 °C erreicht.

7.3 Walzwerke

Aufgrund der geringeren Temperaturbelastung verwendet man Walzwerke (Bild 7.5) als zweite Mischstufe zur Einarbeitung von Beschleunigern (Nachmischen) oder zum Aufwärmen fertig gemischter, aber gelagerter Mischungen vor der Formgebung (Fütterwalzen). Die glatten Walzenzylinder werden mit unterschiedlichen Drehzahlen betrieben. Die hintere Walze läuft etwa 10 bis 30 % schneller als die Vorderwalze (Friktion von 1 : 1,1 bis 1 : 1,3). Dadurch entstehen die erforderlichen Scherkräfte im Walzenspalt; außerdem wird weitgehend vermieden, dass die Mi-

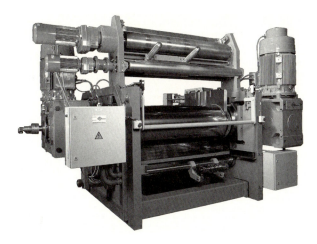

Bild 7.5: Walzwerk mit Stockblender (Quelle: Harburg-Freudenberger GmbH)

schung auf die hintere Walze gezogen wird. Übliche Drehzahlbereiche sind etwa 24 min^{-1} für kleine und etwa 12 min^{-1} für große Walzwerke.

Die Verstellung der Spaltbreite ist wesentlich für den Mischprozess auf Walzwerken. Das Aufgeben von Mischungsbestandteilen erfolgt bei großer Spaltbreite (etwa 5 mm); zum Homogenisieren wird der Spalt schließlich bis auf einen Millimeter Breite reduziert (eng durchlassen). Die Dispersion wird durch Wenden und Durchlaufen eines kleineren Walzenpaares (Stockblender) oberhalb des eigentlichen Walzwerkes verbessert; gleichzeitig wird auf diese Weise eine zusätzliche Kühlung erzielt (Bild 7.6).

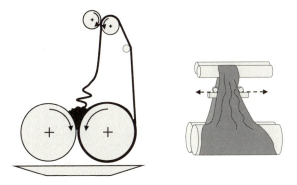

Bild 7.6: Arbeitsprinzip eines Walzwerks mit Stockblender

Die Temperaturbelastung für die Mischung ist im Gegensatz zum Innenmischer erheblich geringer; allerdings betragen die Mischzeiten bis zu 40 Minuten. Walzenmischungen besitzen vergleichbare oder bessere Homogenität als Mischungen, die im Innenmischer mit kämmenden Schaufeln hergestellt wurden, daher werden Mischungen mit besonders hohen Anforderungen auch komplett auf Walzwerken gemischt.

7.4 Formgebung und Vulkanisation

Nach dem Mischen aller erforderlichen Bestandteile einschließlich des Vernetzungssystems erfolgt die Formgebung. Bei der anschließenden Vulkanisation wird die Form fixiert, der Artikel erhält aber auch die typische Gummielastizität.

Die wichtigsten formgebenden Verfahren sind Pressverfahren, Extrusion und Kalandrieren, abhängig vom Verwendungszweck des Elastomers.

Während bei den Pressverfahren Formgebung und Vulkanisation zwar nacheinander, aber in einem Arbeitsgang erfolgen, ist bei den anderen Verfahren für die Vulkanisation ein zusätzlicher Arbeitsgang erforderlich.

7.5 Pressverfahren

Zur Herstellung von Formteilen wird die vernetzungsfähige Kautschukmischung in eine Metallform (Werkzeug) gepresst und in einer Presse vulkanisiert (Bild 7.7). Dabei entspricht die Form einem Negativ des herzustellenden Artikels.

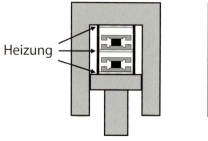

Bild 7.7: Heizpresse

7.5.1 Compression Moulding

Das Compression Moulding stellt das einfachste Pressverfahren dar. Ein vorgeformter Rohling wird zwischen die beiden Hälften der Form gelegt, die anschließend unter hohem Druck zusammengepresst wird (Bild 7.8). Dadurch füllt die Mischung schließlich das gesamte Nest (den Hohlraum) aus. Die Form wird solange beheizt, bis das Formteil ausvulkanisiert ist. Zur Vermeidung von Fehlstellen oder eingeschlossener Luft wird etwas mehr Mischung in die Form gegeben als für das Formteil erforderlich. Die überschüssige Mischung entweicht durch die Austriebskanäle. Der Austrieb wird entweder mechanisch oder durch das so genannte Kaltentgraten entfernt. Hierbei verhärtet der dünne Austrieb durch Tiefkühlen und lässt sich anschließend leicht abbrechen. Das Compression Moulding Verfahren ist nur für relativ einfach geformte Artikel geeignet.

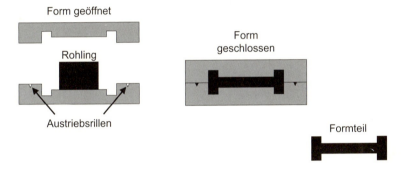

Bild 7.8: Compression Moulding

7.5.2 Transfer Moulding

Beim Transfer-Moulding-Verfahren wird die Mischung zwischen Formkolben (Oberteil) und Formmittelteil einer dreiteiligen Form eingelegt. Im Mittelteil befinden sich Angusskanäle, durch die die Mischung beim Zufahren in die Formnester des Formunterteils gedrückt wird (Bild 7.9). Nach der Vulkanisation wird der Anguss entfernt.

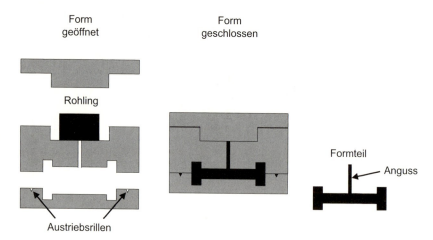

Bild 7.9: Transfer Moulding

7.5.3 Injection Moulding

Das modernste Pressverfahren, das gleichzeitig auch die Herstellung komplizierter Formteile ermöglicht, ist das Spritzgussverfahren (Injection Moulding). Spritzgussmaschinen bestehen aus einer Plastifiziereinheit und dem Einspritzteil. In der Plastifiziereinheit zieht eine rotierende Schnecke die Mischung (als Fütterstreifen) ein, dabei wird sie plastifiziert und vorgewärmt. Schließlich sammelt sich die Mischung in der Speicherzone am vorderen Schneckenende. Anschließend wird die Mischung mit hohem Druck in die Form gespritzt. Dabei bewegt sich die Schnecke in Richtung Einspritzteil. Wenn die Form gefüllt ist, bewegt sich die Schnecke wieder zurück. Die auftretende Reibungswärme heizt die Mischung zusätzlich auf, so dass die Verweilzeit bis zur vollständigen Vernetzung kürzer ist als bei anderen Verfahren. Durch die hohen Vulkanisationstemperaturen liegen die Vulkanisationszeiten im Bereich von nur wenigen Minuten. Nach Ablauf der eingestellten Vulkanisationszeit wird das fertige Elastomerteil ausgeworfen (Bild 7.10). Das Verfahren läuft weitgehend automatisch ab; allerdings sind die Kosten für die Formen relativ hoch und erfordern für eine wirtschaftliche Fertigung größere Stückzahlen. Bei entsprechender Gestaltung sind Formteile ohne Anguss herstellbar.

Es gibt verschieden Bauweisen von Spritzgussmaschinen, mit integrierter oder separater Plastifiziereinheit, sowie horizontaler oder vertikaler Bauweise (Bild 7.11 und Bild 7.12). Für günstige Fließeigenschaften sollen die Mischungen eine möglichst niedrige Viskosität aufweisen.

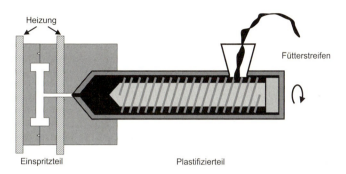

Bild 7.10a: Spritzguss: Einziehen und Plastifizieren der Mischung

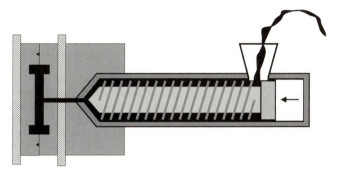

Bild 7.10b: Einspritzen der Mischung in das Werkzeug und anschließende Vulkanisation

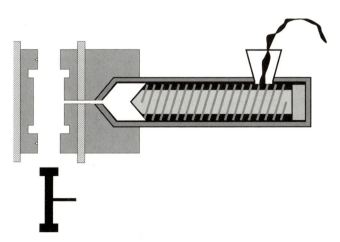

Bild 7.10c: Auswerfen des vulkanisierten Formteils und Einziehen neuer Mischung

Bild 7.11: Spritzgießmaschine in horizontaler Bauweise
(Quelle: Klöckner Desma Elastomertechnik GmbH)

Bild 7.12: Spritzgießmaschine in vertikaler Bauweise
(Quelle: Klöckner Desma Elastomertechnik GmbH)

7.6 Extrusion und kontinuierliche Vulkanisation

7.6.1 Grundlagen

Profile, Schläuche und Kabel lassen sich im Gegensatz zu Formteilen kontinuierlich (endlos) herstellen. Dabei entsteht die endgültige Form, indem die Mischung in einem Extruder (Schneckenpresse) durch eine Spritzscheibe mit entsprechender Geometrie gedrückt wird. In den meisten Fällen folgen darauf Einrichtungen zur kontinuierlichen Vulkanisation. Gewebe- oder Textilverstärkungen sowie die erforderlichen Zwischenlagen werden vor der Vulkanisation ebenfalls kontinuierlich aufgebracht; bei Kabeln wird der metallische Leiter mit der Kautschukmischung umspritzt. Laufflächen für die Reifenherstellung werden ebenfalls extrudiert.

Extruder bestehen aus einem beheizbaren Metallzylinder, in dem sich eine ebenfalls temperierbare Förderschnecke dreht. Dabei wird die Kautschukmischung von der Einzugszone zum Mundstück transportiert und verdichtet. Während so genannte Warmfütterextruder ein Vorwärmwalzwerk (Fütterwalze) erfordern, arbeiten Kaltfütterextruder mit Fütterstreifen von Raumtemperatur. Da Kaltfütterextruder zusätzlich die Mischung erwärmen und plastifizieren müssen, sind sie an ihrer deutlich längeren Bauweise zu erkennen. Kaltfütterextruder führen zu größerer Homogenität und werden daher bevorzugt verwendet. Eine Vakuumzone entfernt eingeschlossene Luft oder flüchtige Bestandteile (insbesondere Luftfeuchtigkeit), die zu porösen Vulkanisaten führen würden (Bild 7.13 und 7.14).

Bei modernen Stiftextrudern wird die Homogenität durch in die Gänge der Schnecke ragende Stifte weiter verbessert (Bild 7.15 und 7.16).

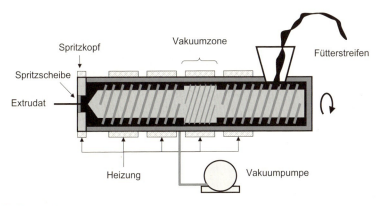

Bild 7.13: Kaltfütterextruder

Bild 7.14: Vakuumextruder (Quelle: Troester GmbH & Co. KG)

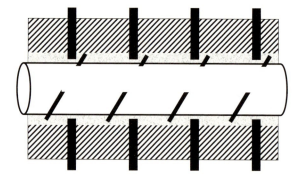

Bild 7.15: Prinzip des Stiftextruders

Übliche Extruderschnecken für Kaltfütterextruder haben einen Durchmesser zwischen etwa 60 und 300 mm; ihre Länge beträgt zwischen dem 10- und dem 24fachen ihres Durchmessers. Bei Warmfütterextrudern beträgt die Schneckenlänge nur etwa das 4- bis 6fache des Durchmessers.

Das Profil wird durch die Spritzscheibe im Mundstück des Extruders geformt. Sie verfügt über einen dem Aussehen des Profils entsprechenden Durchlass. Bei Schläuchen und Hohlprofilen wird der Hohlraum über einen Dorn erzeugt und in der Regel durch leichten Luftüberdruck stabilisiert (Stützluft).

7.6 Extrusion und kontinuierliche Vulkanisation

Bild 7.16: Stiftextruder (Quelle: Troester GmbH & Co. KG)

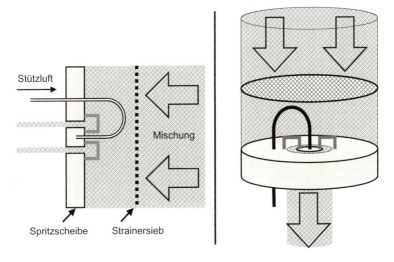

Bild 7.17: Spritzscheibe mit vorgeschaltetem Strainersieb

Bei dünnen Profilen oder hohen Ansprüchen an die Oberflächengüte werden vor der Spritzscheibe Siebscheiben (Strainer) angebracht, um Verunreinigungen herauszufiltern. Dies bedingt jedoch einen höheren Spritzdruck und erfordert sorgfältige Temperierung, um mögliche Anvulkanisation zu vermeiden. Außerdem müssen Strainersiebe immer wieder gewechselt werden, da sie sich allmählich durch die Verunreinigungen zusetzen (Bild 7.17).

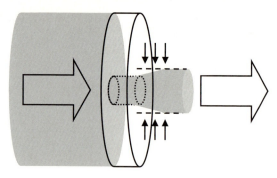

Bild 7.18: Spritzquellung beim Extrudieren von Profilen (überproportional gezeichnet)

Aufgrund der Rückstellkräfte der Kautschuke haben Extrudate das Bestreben, sich nach dem Passieren der Spritzscheibe wieder etwas auszudehnen. Extrudate weisen daher grundsätzlich Abweichungen von den Abmessungen der Spritzscheibe auf (Spritzquellung). Nach dem Abkühlen wird auch ein gewisser Schrumpf festgestellt, der jedoch nicht so stark ausgeprägt ist (Bild 7.18).

Die erforderlichen Abmessungen der Spritzscheibe werden empirisch (durch Versuche) bestimmt. Bewährt hat sich beispielsweise die Anfertigung eines Prototypen aus Blei, das relativ leicht mechanisch zu bearbeiten ist. Wenn jedoch die endgültige Form der Spritzscheibe festgelegt wurde, dürfen die Verarbeitungsbedingungen (Temperatur, Drehzahl) nicht wesentlich verändert werden, da dies einen Einfluss auf die Spritzquellung haben kann.

Üblicherweise ist der Spritzkopf eines Extruders in Förderrichtung der Schnecke angeordnet. Zum Umspritzen metallischer Leiter von Kabeln oder bei mehrlagigen Schläuchen wird ein quer zur Förderrichtung angeordneter Spritzkopf (Querspritzkopf) verwendet.

LKW-Reifenlaufflächen bestehen aus mehreren Kautschukmischungen, die über Mehrfachspritzköpfe zusammengeführt werden.

Das jeweils verwendete Vulkanisationsverfahren hängt von der Mischungszusammensetzung (Vernetzungssystem, Polarität), Geometrie (Hohlkammern) und Aufbau (Verstärkungen) des Artikels ab.

7.6.2 Extrusion und Vulkanisation von Verbundwerkstoffen

Verbundwerkstoffe bestehen aus mehreren unterschiedlichen Werkstoffen und erfordern einen beträchtlich höheren Produktionsaufwand. Sie werden verwendet, wenn ein Werkstoff alleine nicht ausreicht, um die geforderten Funktionen zu erfüllen. Bei verstärkten Schläuchen wird die noch unvulkanisierte Innenschicht (Schlauchseele) mit einer oder mehreren Lagen Textil- und/oder Stahlcord umklöppelt, darüber wird die Außenschicht (Schlauchdecke) extrudiert. Um eine Verformung des noch nicht vulkanisierten Schlauches durch die bei diesen Arbeitsschritten aufgebrachten Kräfte zu vermeiden, wird die Schlauchseele zunächst auf einen Dorn aus Polyamid oder Stahl extrudiert. Seine Länge bestimmt die maximale Länge des fertigen Schlauches, es handelt sich also um ein diskontinuierliches Verfahren. Auf die Schlauchseele wird eine Gummilösung zur Verbesserung der Haftung aufgetragen. Danach wird die Verstärkung (Textil oder Metall) aufgeklöppelt. Anschließend folgen eine Zwischenlage und die Schlauchdecke oder weitere Zwischenschichten und Verstärkungen. Die Kautschukmischungen werden jeweils mit Querspritzköpfen aufgebracht.

In den Hohlräumen der textilen oder metallischen Verstärkungen ist noch Luft enthalten, die zu unzureichender Haftung zwischen Gummi und Verstärkung führen kann. Deshalb werden die Schläuche vor der Vulkanisation mit Textilbändern umwickelt und zusätzlich mit Blei oder Thermoplasten ummantelt. Aufgrund der unterschiedlichen Wärmeausdehnung der verwendeten Materialien entsteht bei Vulkanisationsbedingungen ein hoher Druck, der die noch enthaltene Luft aus den Zwischenräumen presst. Schließlich werden die Schläuche auf großen Trommeln aufgewickelt und mit Heißluft oder Dampf bei 140 bis 200 °C in großen Druckbehältern (Autoklaven) vulkanisiert. Danach wird der Dorn durch Wasserdruck wieder hinausgedrückt.

Bei Kabeln müssen die elektrischen Leiter nach außen und gegeneinander isoliert werden. Die einzelnen Leiter werden durch die Spritzscheibe eines Extruders geführt und mit der Isolationsmischung umspritzt. Mehrere auf diese Weise isolierte Adern werden gemeinsam durch einen weiteren Extruder geführt, der die Füllmischung aufbringt. Bei kleinen Durchmessern werden die Adern vorher miteinander verdrillt. Schließlich wird der äußere Kabelmantel aufgespritzt, unmittelbar danach schließt sich die kontinuierliche Vulkanisation an.

7.6.3 Kontinuierliche Heißluftvulkanisation

Das zu vulkanisierende Extrudat läuft über ein Transportband durch einen Heißluftkanal, wo es durch die einwirkende Wärme vernetzt. Die schlechte Wärmeleitung von Luft erfordert eine zusätzliche Vorwärmung, üblicherweise durch Mikrowellen (UHF), die eine schnelle und gleichmäßige Erwärmung bewirken (Bild 7.19, Bild 7.20).

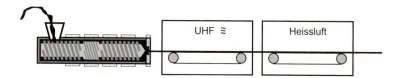

Bild 7.19: Prinzipielle Darstellung einer Extrusionslinie mit Mikrowellenheizung und Heißluftkanal

Bild 7.20: Mikrowellenheizung (Quelle: Troester GmbH & Co. KG)

Da auf das Extrudat außerdem kein Druck ausgeübt wird, sind solche Kombinationen aus UHF-Vorwärmung und Heißluftvulkanisation besonders für großvolumige Profile, Hohlkammerprofile und Moosgummiprofile geeignet. Allerdings bedingt dieses Verfahren eine bestimmte Polarität der aufzuheizenden Materialien; EPDM oder IIR sind hierfür nicht geeignet. Durch den Kontakt mit Luftsauerstoff werden außerdem die meisten Peroxide deaktiviert, was zu Extrudaten mit klebriger Oberfläche führen würde. Daher ist dieses Verfahren auch nicht zur Herstellung peroxidvernetzter Elastomere geeignet.

7.6.4 Salzbadvulkanisation (LCM – Liquid Curing Medium)

Grundprinzip des LCM-Verfahrens ist die gegenüber Heißluft wesentlich bessere Wärmeübertragung durch flüssige Wärmeträger. Dabei wird das Extrudat durch ein Metallförderband unter die Oberfläche des Wärmeträgermediums gedrückt und durch die intensive Wärmeübertragung rasch vulkanisiert (Bild 7.21, Bild 7.22). Durch den Ausschluss des Luftsauerstoffs ist dieses Verfahren auch für die Peroxidvernetzung geeignet. Allerdings kann durch den mechanischen Druck des

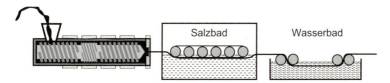

Bild 7.21: Prinzipielle Darstellung einer Extrusionslinie mit LCM

Bild 7.22: Anlage zur Salzbadvulkanisation (Quelle: Troester GmbH & Co. KG)

Förderbands eine Deformation des noch nicht vollständig vernetzten Extrudats auftreten, daher ist es für dünnwandige Hohlprofile weniger geeignet.

Als Wärmeträgermedium haben sich spezielle Salzgemische durchgesetzt, die relativ preiswert sind und gegenüber anderen flüssigen Wärmeträgern, wie z. B. Silikonöl, leicht vom Vulkanisat zu entfernen sind (durch abwaschen im Wasserbad). Allerdings enthalten die konventionellen Salzgemische Nitrite, die zur Nitrosaminbildung beitragen und daher besondere Umweltschutzmaßnahmen erfordern.

7.6.5 Kontinuierliche Heißdampfvulkanisation

In der Kabelindustrie ist die Vulkanisation durch Heißluft unter Druck weit verbreitet. Das CV-Verfahren (continuous vulcanisation) mit Temperaturen bis über 200 °C und Drücken bis zu 25 bar erlaubt hohe Durchsatzraten in der Größenordnung von bis zu etwa 200 m/min. Das bis zu 250 m lange Dampfrohr muss dicht mit Extruderspritzkopf und Wasserbad verbunden sein (Bild 7.23). Für mehrlagige Kabel verwendet man entweder eine sequentielle Anordnung von mehreren Spritzköpfen oder einen Mehrfachspritzkopf.

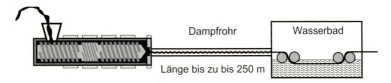

Bild 7.23: Prinzip der Heißdampfvulkanisation unter Druck

7.6.6 Sonderverfahren

Kabel werden in großem Maßstab auch mit energiereichen Strahlen (Beta-Strahlen) vernetzt. Hier macht man sich die Kettenspaltung und Rekombination über freie Radikale zunutze. Allerdings ist dieses Verfahren nur für große Mengen wirtschaftlich.

In einigen Ländern ist auch die Vulkanisation von Schläuchen im Fluid-Bed üblich. Dabei werden kleine Glaskugeln durch eingeblasene Heißluft oder Dampf erhitzt und verwirbelt, sie verhalten sich wie eine Flüssigkeit. Das Extrudat bleibt in diesem Medium in Schwebe und erleidet dadurch keine Verformungen wie bei der Salzbadvulkanisation. Nachteilig ist jedoch das Haften der kleinen Glaskugeln am Vulkanisat; sie lassen sich auch durch mechanisches Abstreifen nicht vollständig entfernen.

7.7 Bahnen und Platten: Kalandrierte Artikel

Für die Herstellung von Förderbändern, Riemen und Reifen werden Kautschukmischungen in Bahnen (Platten) unterschiedlicher Breite und Dicke benötigt. Kalander ermöglichen die Herstellung solcher Bahnen mit hoher Präzision im Bereich von etwa 0,2 bis 1,5 mm. Kalander besitzen drei oder vier Walzen, die je nach Anwendung unterschiedlich angeordnet sind (Bild 7.24).

Durch mehrfaches Passieren der Walzenspalte wird die Kautschukmischung immer weiter und gleichmäßiger zusammengepresst.

Zur Herstellung von Bahnen mit größerer Dicke, etwa für Transportbänder, werden die Bahnen auf einer nachfolgenden Dublieranlage solange aufeinander gelegt, bis die gewünschte Dicke erreicht ist. Eine solche Dublieranlage besteht im Wesentlichen aus einem Förderband, auf dem die Lagen nacheinander aufgebaut und durch eine

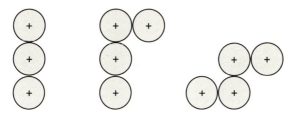

Bild 7.24: Kalanderbauformen: von links nach rechts: I-Kalander, F-Kalander, Z-Kalander

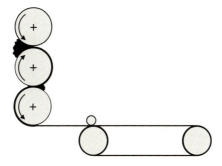

Bild 7.25: Schema eines I-Kalanders mit Dublieranlage

Anpresswalze miteinander verbunden werden. Auf diese Weise lassen sich Lufteinschlüsse vermeiden, die bei direktem Kalandrieren auf die Anwendungsdicke unweigerlich vorhanden wären (Bild 7.25).

Wenn die gewünschte Stärke erreicht ist, wird die dublierte Bahn auf Rollen aufgewickelt und im Autoklaven geheizt. Die Länge der Doublieranlage entspricht damit etwa der halben maximalen Bahnlänge. Damit Ober- und Unterseite der dublierten Bahn beim Aufwickeln nicht zusammenkleben, werden sie durch hochschmelzende Kunststofffolien voneinander getrennt.

Während zur Herstellung von Bahnen ein Dreiwalzenkalander ausreicht, verwendet insbesondere die Reifenindustrie Vierwalzenkalander, die beidseitiges Belegen der Textil- und Stahlverstärkung mit Bahnen aus Kautschukmischungen ermöglichen (Bild 7.26 und Bild 7.27). Die Verstärkung verhindert das Ausdehnen des Reifens durch den Luftdruck; bei Riemen und Förderbändern nimmt sie die Zugkräfte in Bewegungsrichtung auf.

Die Vulkanisation von Kalanderbahnen oder Förderbändern kann diskontinuierlich oder kontinuierlich erfolgen. Förderbänder weisen meistens große Dicken auf und sind durch die relativ steife Stahlverstärkung sperrig zu handhaben. Sie werden daher abschnittsweise in großen Pressen vulkanisiert. Bei der Endmontage (und bei späteren Reparaturen, wo auch größerer Stücke ausgetauscht werden), werden mobile Vulkanisationspressen verwendet.

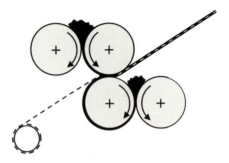

Bild 7.26: Beidseitiges Belegen von Gewebe mit Kautschukmischungen auf dem Z-Kalander

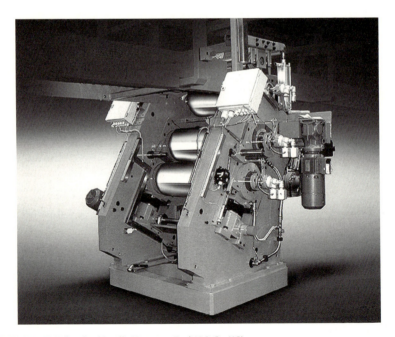

Bild 7.27: Z-Kalander (Quelle: Troester GmbH & Co. KG)

Dünne Bahnen lassen sich kontinuierlich im Rotationsvulkanisationsverfahren vernetzen. Dazu werden sie mit einem Stahlband an einer langsam rotierenden beheizten Trommel vorbeigeführt. Der Trommeldurchmesser liegt zwischen einem und drei Metern; die Breite beträgt bis zu 2,5 Meter. Bei Bedarf werden zusätzliche Heizeinheiten (Infrarotstrahler, Heißluftkanal) nachgeschaltet (Bild 7.28 und Bild 7.29).

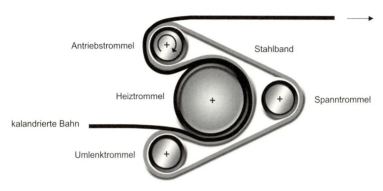

Bild 7.28: Schema des Rotationsvulkanisationsverfahrens, nach Berstorff

Bild 7.29: Rotationsvulkanisationsverfahren: AUMA (Automatische Mattenvulkanisieranlage, Quelle: Berstorff GmbH)

7.8 Antriebs- und Zahnriemen

Zur Herstellung von Riemen werden Kalanderbahnen schichtweise auf einer Trommel mit dem jeweiligen Riemendurchmesser aufgebaut, bis die gewünschte Dicke erreicht ist. Danach folgt die Verstärkung und schließlich eine dünne Deckschicht, um die Verstärkung vor Abrieb und Umwelteinflüssen zu schützen. Die vollständig belegte Trommel wird im Autoklaven vulkanisiert; anschließend werden die einzelnen Riemen ausgeschnitten. Der Form des Riemens entsprechend, hat die Trommel entweder Längs- oder Querrillen (Bild 7.30).

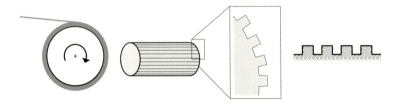

Bild 7.30: Prinzip der Riemenherstellung am Beispiel eines Zahnriemens

Bei Keilriemen entsteht durch das V-förmige Profil naturgemäß immer ein gewisser Abfall, der nicht wieder verwendet werden kann. Bei Keilrippenriemen und Zahnriemen wird dies weitgehend vermieden.

7.9 Reifen

Die komplexesten Verbundwerkstoffe in der Gummiindustrie sind Reifen. Hier werden mehrere unterschiedliche Kautschukmischungen und mehreren Lagen Textil- und Stahlverstärkung miteinander kombiniert. Dies erfordert eine genaue Abstimmung der einzelnen Vulkanisationssysteme.

Zunächst werden die Textil- und Stahlverstärkungen für Karkasse und Gürtel auf einem Kalander mit Haftmischungen belegt. Auch die innerste Reifenschicht, die so genannte Tubeless-Platte, die das Entweichen von Luft verhindern soll, wird kalandriert. Dagegen besteht die Lauffläche aus einem oder mehreren in einem Mehrfachspritzkopf extrudierten Streifen. Die Herstellung von Reifenrohlingen erfolgt in zwei Stufen auf speziellen Reifenbaumaschinen (Bild 7.31 und Bild 7.32).

7.9 Reifen

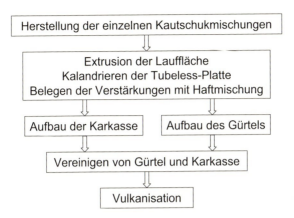

Bild 7.31: Schema der Reifenherstellung

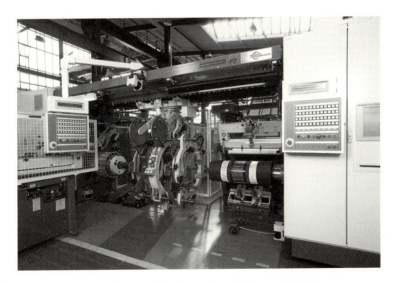

Bild 7.32: Reifenbaumaschine (Quelle: Harburg-Freudenberger GmbH)

Der Gürtel wird aus mehreren exakt zugeschnittenen Lagen Stahl- und Textilverstärkung und der Lauffläche auf der Gürteltrommel der Reifenbaumaschine von innen nach außen aufgebaut.

Parallel dazu wird die Karkasse auf einer anderen Trommel ebenfalls schichtweise aufgebaut. Die unterste Schicht ist die Tubeless-Platte, darauf folgen Textilverstärkungen. Dann werden auf beiden Seiten Drahtringe für den sicheren Sitz des Reifens auf der Felge mit ihren Abdeckmischungen (Drahtkappe) eingelegt und die äußeren Enden der bisherigen Lagen umgeschlagen. Schließlich folgt die Seitenwand. Die Rohkarkasse wird nun aufgeblasen und mit dem Gürtel vereinigt (Bild 7.33).

Anschließend wird der Reifenrohling in einer Reifenpresse vulkanisiert (Bild 7.34). Dabei wird der Rohling durch einen Heizbalg in die Form gepresst. Die beweglichen äußeren Segmente der Presse entsprechen dem Negativ des Profils. Die Vulkanisationszeit beträgt für einen PKW-Reifen etwa 15 Minuten bei 160 °C; für die komplizierter aufgebauten LKW-Reifen kann sie bis zu etwa einer Stunde liegen, um in allen Schichten einen optimalen Vernetzungsgrad zu erzielen. Zur Vermeidung von Reversion liegt die Vulkanisationstemperatur von LKW-Reifen daher etwas unter der von PKW-Reifen.

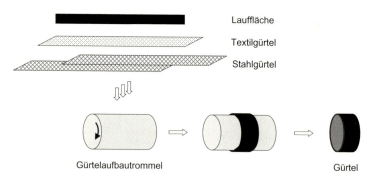

Bild 7.33a: Aufbau des Reifengürtels

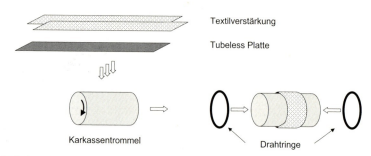

Bild 7.33b: Aufbau des Karkasse: Tubeless-Platte und Textilverstärkung; Einsetzen der Drahtringe

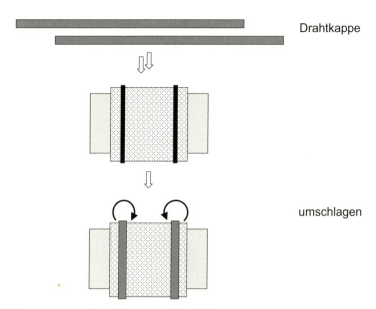

Bild 7.33c: Abdecken der Drahtringe und Umschlagen

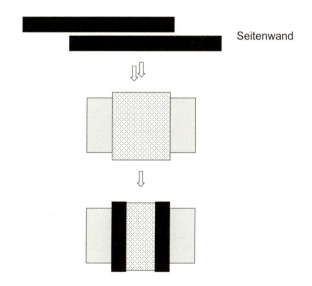

Bild 7.33d: Aufsetzen der Seitenwand

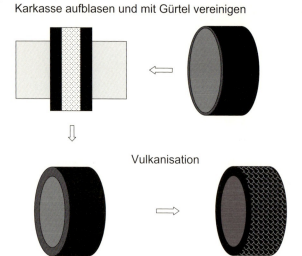

Bild 7.33e: Vereinigen von Karkasse und Gürtel, Vulkanisation

Bild 7.34: Reifenpresse mit Rohlingen (Quelle: Continental AG)

8 Prüfung von Kautschuken und Elastomeren

8.1 Viskosität

Während die Einsatzbedingungen die Art des Kautschuks bestimmen, werden durch die Form des Elastomerwerkstoffs das Verarbeitungsverfahren und damit die optimale Viskosität festgelegt. Die Viskosität ist ein Maß für die Zähigkeit des Kautschuks oder einer Kautschukmischung und bestimmt das Verarbeitungsverhalten wesentlich. Weiterhin sind Zugfestigkeit und Weiterreißwiderstand eines Elastomeren von der Viskosität abhängig.

Bei der Verarbeitung und Formgebung werden die vorher ungeordnet vorliegenden und miteinander verknäuelten Kautschukmoleküle entsprechend der neuen Form angeordnet. Aufgrund der Haftreibung am Metall der Verarbeitungsmaschinen sowie durch Wechselwirkungen der Moleküle untereinander tritt ein von der Molekülstruktur und Molekülgröße abhängiger Widerstand auf. Die Verknäuelung bewirkt darüber hinaus eine gewisse Elastizität, die den bei der Verarbeitung auftretenden Kräften entgegenwirkt.

Die Viskosität ist also ein Maß für den Widerstand, den die Moleküle dem Fließen entgegensetzen.

Je höher die Viskosität ist, desto niedriger ist die Fließgeschwindigkeit; gleichzeitig steigt die zur Verformung erforderliche Energie. Die Viskosität lässt sich durch Erwärmen verringern; bei Kautschuken aufgrund der Verknäuelung der Moleküle jedoch bei weitem nicht in dem Maße wie bei den mehr oder weniger linear aufgebauten Thermoplasten.

Die Viskosität von Kautschuken hängt von der Stärke der Wechselwirkungen zwischen den einzelnen Molekülen sowie deren Struktur (Seitenketten, Verzweigungen) ab. Die verschiedenen Viskositätsstufen von Synthesekautschuken erlauben eine dem Verarbeitungsverfahren angepasste zielgerechte Auswahl; Naturkautschuk muss durch mechanischen Kettenabbau (Mastizieren) auf die gewünschte Kettenlänge gebracht werden. Durch langes Mastizieren kann die Viskosität von Naturkautschuk soweit verringert werden, dass er unter seinem eigenen Gewicht fließt.

Die Viskosität lässt sich aus der Kraft, die Kautschuke (und Kautschukmischungen) ihrer Verarbeitung entgegensetzen, direkt bestimmen. Beim Scherscheibenviskosi-

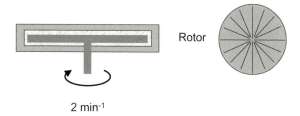

Bild 8.1: Messung der Viskosität im Scherscheibenviskosimeter

meter nach Mooney wird eine geriffelte Scheibe oben und unten mit Probensubstanz umschlossen und in einer beheizbaren Kammer mit etwa zwei Umdrehungen in der Minute bewegt. Die hierzu erforderliche Kraft wird als Drehmoment gemessen und entspricht der jeweiligen Viskosität. Die Probe wird in der Regel eine Minute lang auf 100 °C vorgewärmt; die Messung dauert weitere vier Minuten, wobei die Temperatur konstant gehalten wird (Bild 8.1).

Bei hochviskosen Kautschuken werden oft höhere Temperaturen und/oder ein kleinerer Rotor oder auch längere Vorwärmzeiten verwendet. Bei Verschnitten von NBR und PVC dienen höhere Temperaturen dem Aufschmelzen des thermoplastischen Anteils.

Die Viskosität wird zusammen mit den jeweiligen Prüfbedingungen angegeben, beispielsweise 70 ML (1+4) 100 °C (Mooney viscosity, large rotor, Vorwärmzeit und Prüfzeit in Minuten, Prüftemperatur). Typische Werte für Synthesekautschuke liegen zwischen 20 und 30 (z. B. EVM) bis weit über 100 (bei einigen NBR- und EPDM-Typen).

Die Viskosität von Kautschukmischungen hängt stark von der Viskosität des Kautschuks sowie der Art und Menge der eingesetzten Füllstoffe und Weichmacher ab. Insbesondere aktive Füllstoffe erhöhen die Mischungsviskosität, gleichzeitig aber auch Zugfestigkeit und Weiterreißwiderstand der Elastomere. Zwar kann man durch steigende Weichmachermengen die Viskosität verringern, dabei werden jedoch auch die mechanischen Eigenschaften reduziert. Daher wählt man niedrigviskose Polymere für Mischungen mit hohem Füllstoffgehalt, um ein zu starkes Ansteigen der Mischungsviskosität zu vermeiden. Bei extrem hochviskosen Polymeren kann man die Verarbeitbarkeit durch hohe Weichmacheranteile verbessern. Dies wird bei speziellen SBR- und EPDM-Typen ausgenutzt, die von den Herstellern bereits mit bis zu 50 oder 100 phr Mineralölweichmacher als Streckmittel angeboten werden.

Hohe Mischungsviskositäten sind günstig für die Standfestigkeit von Extrudaten. Nur mit ausreichender Standfestigkeit bleibt die durch die Spritzscheibe erzeugte

Form bis zur nachfolgenden Vulkanisation erhalten. Beim Ziehen von Kalanderplatten vermeiden hochviskose Mischungen das Auftreten von Luftblasen.

Für schnelle Verarbeitungsverfahren (Spritzgießen), insbesondere bei langen Fließwegen oder komplizierten Formteilgeometrien, werden dagegen niedrigviskose Mischungen bevorzugt. Dadurch wird die Füllung der Form beschleunigt, die Reibungswärme reduziert und somit eine vorzeitige Anvulkanisation vermieden.

Der günstigste Viskositätsbereich für die meisten Verarbeitungsverfahren liegt zwischen 60 und 70 ML (1+4) 100 °C. Höheren Viskositäten erfordern größere Scherkräfte beim Mischen und bei der Formgebung, wodurch Energieverbrauch, Mischungstemperatur und damit die Gefahr der vorzeitigen Anvulkanisation zunehmen. Zu niedrige Viskositäten erschweren die Aufnahme von Füllstoffen, Weichmachern und anderen Mischungsbestandteilen, da nicht genügend Scherkräfte aufgebaut werden. In Extremfällen kann dies zu inhomogenen (ungleichmäßigen) Mischungen führen. Bei Mischungen mit besonders hohen Füllstoffanteilen werden deshalb zur Erzielung hoher Scherkräfte oft Füllstoffe und Weichmacher vor dem Kautschuk in den Innenmischer eingegeben (upside-down).

8.2 Rheometer (Vulkameter)

Mit Beginn der Vernetzungsreaktion steigt die zur Verformung der Kautschukmischung erforderliche Kraft. Bei maximaler Kraft ist die Vernetzung abgeschlossen, das Elastomer ist ausvulkanisiert. In einem Rheometer macht man sich diesen Zusammenhang zunutze.

Die ersten Geräte basierten auf einer linearen Bewegung (Linearschubvulkameter); die weitere Entwicklung führte zu einem Aufbau ähnlich dem des Rheometers, jedoch mit einer oszillierenden Scheibe (ODR = oscillating disc rheometer). Aktuelle Geräte verwenden meist keinen Rotor, um Wärmeverluste durch dessen Schaft auszuschließen. Das MDR (moving die rheometer) besteht aus einer Probenkammer mit einer starren oberen und einer beweglichen unteren Hälfte. Nach dem Aufheizen auf Vulkanisationstemperatur wird eine Probe der vernetzungsfähigen Kautschukmischung eingefüllt und die untere Hälfte in oszillierende Bewegung (abwechselnd nach rechts und links) versetzt. Die hierzu erforderliche Kraft wird als Drehmoment gemessen und in Abhängigkeit von der Zeit aufgetragen. Mit steigender Vernetzungsdichte wird diese Kraft immer größer; man erhält schließlich die Vulkanisationskurve (vgl. Bild 5.3 in Kapitel 5.1).

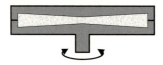

Bild 8.2: Prinzip des MDR (Moving Die Rheometer)

Die Oszillationsbewegung beträgt nur 0,1 bis 2° bei einer Frequenz von 10 bis 100 min^{-1}. Beide Hälften der Probenkammer sind zur Vermeidung von Rutscheffekten geriffelt (Bild 8.2).

8.3 Zugversuch

Der Zugversuch dient zur Ermittlung der Belastungsgrenzen eines Elastomers. Hierzu werden Prüfkörper in einer Zugmaschine bis zum Bruch (Zerreißen) auseinander gezogen (Bild 8.3).

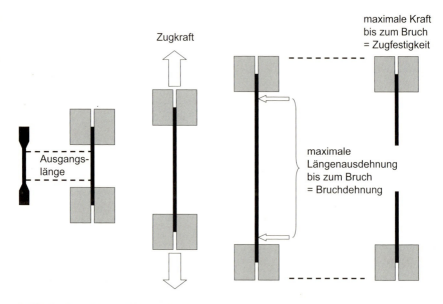

Bild 8.3: Verschiedene Phasen des Zugversuchs

Die zum Bruch erforderliche Kraft entspricht der Zugfestigkeit. Die Längenausdehnung beim Bruch wird auf die Ausgangslänge bezogen und entspricht der Bruchdehnung.

Bei vielen Elastomeren werden Zugfestigkeiten im Bereich von 10 bis 20 MPa (Megapascal) erreicht; übliche Bruchdehnungen liegen zwischen 200 und 400 %. Weiterhin wird auch die Kraft beim Erreichen bestimmter Dehnungsstufen, meist 50, 100, 200 und auch 300 %, bestimmt und als Spannungswert ausgedrückt. Die weit verbreitete Bezeichnung „Modul" ist jedoch nicht korrekt.

8.4 Härte

Die Härte eines Körpers ist als Widerstand gegen das Eindringen eines anderen Körpers definiert. Zur Prüfung der Shore-Härte wird die Eindringtiefe einer Nadel mit genormter Spitze gemessen (Bild 8.4). Übliche Werte liegen zwischen 40 und 80 Shore A, sehr harte Elastomere werden mit einer anderen Nadelgeometrie gemessen (Shore D).

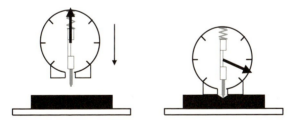

Bild 8.4: Härtemessung

8.5 Druckverformungsrest

Der Druckverformungsrest ist eine wesentliche Kenngröße für Dichtungen. Eine zylinderförmige Probe wird zwischen zwei Platten eingespannt und für eine definierte Zeit zusammengedrückt. Die nach der Prüfung verbleibende Verformung wird auf die ursprüngliche Höhe bezogen und als Druckverformungsrest definiert.

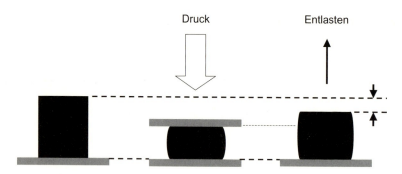

Bild 8.5: Bestimmung des Druckverformungsrests

Für Dichtungen verlangt man in der Regel Werte unter 20 %; bei besonderen Anforderungen sogar unter 10 %. Üblicherweise wird die Prüfung bei höherer Temperatur durchgeführt, z. B. 70 Stunden bei 100 °C. Für sehr hohe Anforderungen wird diese Prüfung nicht an Luft, sondern in einem Prüfmedium, z. B. Öl, durchgeführt.

8.6 Dynamische Prüfungen

Im Gegensatz zu statischen Prüfungen wie Zugversuch, Härte und Druckverformungsrest wird die Probe bei dynamischen Prüfungen zyklisch belastet und entlastet. Dadurch erwärmt sich die Probe und wird nach einer gewissen Zeit zerstört. Bewertet wird die Wärmeentwicklung oder der Zeitpunkt bis zur Zerstörung der Probe (Bild 8.6).

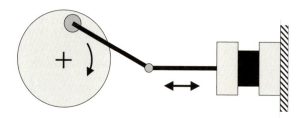

Bild 8.6: Schematische Darstellung einer dynamischen Prüfung

8.7 Alterungsprüfung

Die Alterungsprüfung von Elastomeren dient zur Vorhersage des Langzeitverhaltens und wird durch Lagerung in einem Heißluftofen, beispielsweise 7 Tage bei 100 °C, geprüft. Anschließend werden der Zugversuch sowie die Bestimmung der Härte und des Druckverformungsrests an den gelagerten Proben durchgeführt und die Ergebnisse mit ungelagerten Proben verglichen.

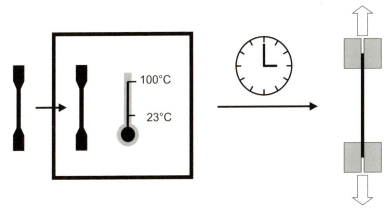

Bild 8.7: Bestimmung der Alterungsbeständigkeit von Elastomeren im Heißluftofen

8.8 Chemische Beständigkeit

Zur Bestimmung der Beständigkeit gegen Öle, Lösemittel, Benzin und andere Flüssigkeiten wird eine Elastomerprobe bei Raumtemperatur oder bei höherer Temperatur in dem entsprechenden Medium gelagert. Der Vergleich der mechanischen Eigenschaften vor und nach der Lagerung, etwa 7 Tage bei 70 °C, gibt Auskunft über die Beständigkeit des Elastomers gegenüber dem Prüfmedium. Die Volumenzunahme nach der Prüfung wird als Quellung bezeichnet (Bild 8.8).

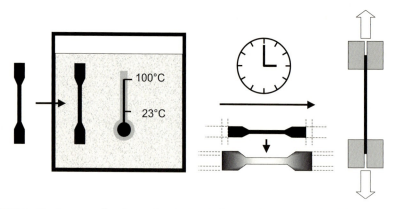

Bild 8.8: Bestimmung der chemischen Beständigkeit von Elastomeren durch Lagerung in Chemikalien bei Raumtemperatur und/oder erhöhter Temperatur

8.9 Kälteflexibilität

Die Erhaltung der Elastizität bei tiefen Temperaturen ist Voraussetzung für die Funktion von Achsmanschetten, Schläuchen, Brückenlagern und vielen anderen. Als Beispiel für eine Prüfung dient hier die Bestimmung des Kälteschlagzähigkeit (Brittleness Point). Hier wird durch den Schlag mit einem Pendel die Temperatur bestimmt, bei der ein Elastomer spröde (brittle) bricht. Diese Prüfung dient beispielsweise dem Vergleich verschiedener Weichmacher (Bild 8.9).

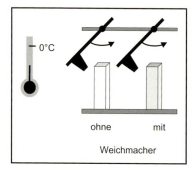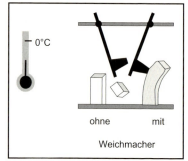

Bild 8.9: Kälteflexibilität, hier im Vergleich von Elastomeren ohne und mit Weichmacher

9 Artikelkunde

Fertigartikel aus Elastomeren finden sich in fast allen Gegenständen des täglichen Gebrauchs.

Einige zeigen in Form von Reifen, Schläuchen, Förderbändern oder Antriebsriemen offen ihre Präsenz. Viele wichtige Funktionselemente aus Gummi wie Dichtungen und Membranen erfüllen ihre Aufgaben jedoch im verborgenen und werden daher oft unterschätzt. An dieser Stelle sollen die wichtigsten Elastomerartikel und ihr Anforderungsprofil vorgestellt werden.

Formteile

Als Formteile oder Formartikel werden alle Erzeugnisse bezeichnet, die in einer Form gefertigt werden. In der Regel kommt das Spritzgussverfahren zum Einsatz, auch bei Verbundteilen aus Gummi und Metall (Schwingungsdämpfer, Motorlager usw.). Formteile weisen die größte Vielfalt aller Gummiartikel hinsichtlich Geometrie und Material auf, das Spektrum reicht vom O-Ring bis zu Manschetten für Gelenkwellen.

Formteile werden oft als Dichtelemente verwendet, sei es in Rohren und Leitungen, Kupplungen oder zur sicheren Verbindung anderer Hohlkörper. Daher ist eine gute Beständigkeit gegen die beförderten Stoffe sowie Hitze und/oder Kälte erforderlich. Die charakteristischste Kenngröße einer Dichtung ist der Druckverformungsrest, der so gering wie möglich sein muss. Daher kommen oft mit Schwefelspendern oder Peroxiden vernetzte Elastomere zum Einsatz.

Klassische Dichtungsmaterialien sind beispielsweise NBR und FKM, aber auch EPDM.

Faltenbälge und Manschetten zählen ebenfalls zu den Dichtungen, da sie beispielsweise Achsgelenke mit ihrem relativ großen Bewegungsspielraum vor eindringendem Schmutz schützen und gleichzeitig das Austreten des Schmierfettes verhindern müssen. Achsmanschetten werden aus CR und radseitig auch aus TPE gefertigt. Andere Faltenbälge bestehen aus CR, NBR (ölbeständig) oder SBR (beständig gegen Bremsflüssigkeiten).

Schläuche

Schläuche gibt es in den verschiedensten Ausführungen, sei es für Kraftstoffe, Öle, Hydraulikflüssigkeiten in Bremsanlagen, Servolenksystemen oder zur Kraftübertragung, für Kältemittel in Klimaanlagen, für den Transport von Gasen (Druckluft,

Propangas ...), verschiedenster Chemikalien (Säuren, Laugen, Lösemittel) bis hin zu Feststoffen (Sand, Thermoplastgranulate ...) und für Wasser oder Lebensmittel. Sie müssen flexibel sein und gleichzeitig die Umwelt gegen die beförderten Stoffe abdichten, was natürlich auch eine entsprechende Beständigkeit gegenüber diesen Stoffen voraussetzt.

Da Gummi sich unter Belastung dehnt, sind unverstärkte Schläuche nur für sehr geringe Drücke verwendbar. Schläuche sind deshalb in den meisten Fällen mit einer oder mehreren Lagen Textil (Polyamid, Polyester oder auch Aramid) und/oder Stahl verstärkt, die jeweils durch eine dünne Zwischenschicht voneinander getrennt sind. Die Innenschicht oder Schlauchseele muss gegen die zu fördernden Stoffe beständig sein; die Außenschicht (Decke) soll Umwelteinflüssen (Ozon, UV-Strahlung, Abrieb) widerstehen. Alle eingesetzten Elastomere müssen eine gute Haftung zur Verstärkung aufweisen, was oft durch spezielle Haftmischungen erzielt wird, und für den geforderten Temperaturbereich geeignet sein. Daraus ergibt sich eine Vielzahl von Materialkombinationen.

Standardhydraulikschläuche haben oft eine NBR-Seele und eine CR- oder EPDM-Decke; wohingegen die Innenschicht von Kraftstoffschläuchen zunehmend aus einer dünnen FKM- oder Polyamidschicht besteht. Darauf befindet sich eine ECO-Zwischenschicht und schließlich die Decke aus CR, CSM oder ECO. Bremsschläuche besitzen eine EPDM-Seele und eine CR- oder EPDM-Decke. Bei Schläuchen für Klimaanlagen wird die EPDM-Innenschicht mittlerweile durch eine weitere dünne Schicht aus Polyamid ergänzt; gefolgt von einer ebenfalls aus EPDM bestehenden Außenschicht.

Eine besondere Spezies sind Kühlerschläuche, deren komplizierte Geometrie nur durch Herstellung als Formschlauch zu verwirklichen ist. Sie bestehen durchgängig aus EPDM und benötigen aufgrund des relativ geringen Innendrucks nur ein Stützgewebe aus weitmaschig gestricktem Aramidgewebe.

Kabel

Während die Isolierung der meisten Kabel aus Thermoplasten wie Polyethylen oder Thermoplastischen Elastomeren besteht, wird für besondere Anforderungen an Flammwidrigkeit auch CR oder EVM verwendet. Mit EVM und Aluminiumhydroxid als Füllstoff lassen sich so genannte FRNC-Kabel herstellen, die im Gegensatz zu CR im Brandfall weder toxische Gase entwickeln noch korrosiv wirken, und nur eine geringe Rauchentwicklung zeigen.

Profile

Zur Abdichtung von Fenstern und Türen im Bausektor und bei Kraftfahrzeugen werden häufig Profile auf der Basis von EPDM verwendet. Je nach Anforderung bestehen sie teilweise aus Moos- oder Zellgummi. Während auf dem Bausektor auch Silikonkautschuke und zunehmend TPE, vornehmlich im Innenbereich, Verwendung finden, werden bei Kraftfahrzeugen neben EPDM auch NBR und ECO verwendet.

Profile müssen eine gute Beständigkeit gegen Ozon und UV-Strahlung aufweisen. Um eine optimale Dichtfunktion zu erfüllen, ist in der Regel auch ein niedriger Druckverformungsrest gefordert. Dichtungen werden entweder verklebt oder mittels bei der Extrusion eingebrachter flexiblen Metalleinlagen befestigt. Bei beweglichen Fahrzeugseitenscheiben wird die Reibung durch Beflocken oder Gleitfilme reduziert.

Transportbänder (Fördergurte)

Transportbänder sind die Arbeitspferde unter den Gummiartikeln. Da unverstärkter Gummi sich bei Zugbelastung dehnt, sind Transportbänder in Zugrichtung verstärkt; je nach Belastung mit Textil- oder Stahlcordgeweben. Transportbänder werden oft in Freien verwendet und müssen daher Umwelteinflüssen wie Hitze, Kälte, Ozon und UV-Strahlung widerstehen; gleichzeitig müssen sie abriebfest und gegen die zu transportierenden Stoffe beständig sein.

Bei großformatigen Förderbändern, wie sie beispielsweise im Braunkohletagebau verwendet werden, wird weiterhin eine Reparaturfähigkeit vor Ort gefordert. Als Polymere werden hauptsächlich NR, SBR, NR/SBR-Blends oder BR verwendet; für hitzebeständige Förderbänder meist EPDM. Bei ölhaltigen Fördergütern wird auch NBR verwendet. Für die bisher im Untertagebau verwendeten flammwidrigen CR-Förderbänder steht aufgrund der Entwicklung neuer EAM-Typen auch eine halogenfreie Alternative zur Verfügung.

Antriebs- und Steuerriemen

Antriebsriemen haben ausgehend von geklammerten Flachriemen aus Leder über die ersten ummantelten Keilriemen, wie sie im Maschinenbau teilweise noch üblich sind, den schmaleren flankenoffenen Keilriemen, bei denen nur noch die Rückseite mit einer Textilschicht versehen ist bis hin zu den Keilrippenriemen (Poly-V-Belts) eine regelrechte Evolution durchlaufen.

Im Gegensatz zu Zahnrädern oder Ketten benötigen Riemen keine komplizierte Mechanik und lassen sich leicht auf unterschiedliche Übersetzungsverhältnisse anpassen. Dabei überträgt der textile Festigkeitsträger die in Laufrichtung auftretenden Zugkräfte; die umgebende Gummimatrix verleiht dem Riemen die erforderliche Flexibilität.

Keilriemen (V-Belts) werden jeweils zwischen zwei konisch zulaufenden Scheiben eingespannt. Die Kraftübertragung erfolgt über die Flanken, was eine höhere Effektivität gegenüber einfachen Flachriemen zur Folge hat. Um noch engere Biegeradien zu ermöglichen, werden moderne Keilriemen gezahnt.

Keilrippenriemen (Poly-V-Belts) sind sehr flach und besitzen mehrere kleine V-förmige Rillen zur Kraftübertragung. Damit lassen sich beispielsweise in Kraftfahrzeugen mehrere Aggregate gleichzeitig antreiben (Lichtmaschine, Wasserpumpe, Servopumpen ...), wozu früher mehrere hintereinander liegende Keilriemenantriebe erforderlich waren. Moderne Keilrippenriemen haben einen Umfang von weit über einem Meter und führen zu einer deutlich kompakteren Motorenbauweise.

Die zur Kraftübertragung erforderliche Gewebeverstärkung, üblicherweise aus Polyestergewebe, unterbindet übermäßige Dehnung und damit Schlupf. Antriebsriemen sind enormer dynamischer Belastung sowie, besonders im Motorraum, wechselnden Temperatureinflüssen und Ölnebeln ausgesetzt. Daher werden bevorzugt CR, alkyliertes CSM (ACSM) oder HNBR verwendet.

Zahnriemen dienen zur präzisen Steuerung der Nockenwelle und ersetzen vor allem in kleineren Motoren die schwerere und lautere Steuerkette. Hierbei handelt es sich um Flachriemen mit präzise ausgeformten Zähnen in konstanten Abständen. Sie übertragen im Vergleich zu Keil- oder Keilrippenriemen zwar nur geringe Kräfte, sind aber ähnlichen Umgebungsbedingungen wie Antriebsriemen ausgesetzt, daher werden sie aus den gleichen Polymeren gefertigt. Als Zugträger wird aufgrund der extrem hohen Anforderungen hinsichtlich geringer Längenausdehnung in der Regel Aramid verwendet.

Die Kernmischung von Antriebsriemen sowie die Zähne der Zahnriemen sind zusätzlich mit Glascord verstärkt.

Bild 9.1 zeigt die unterschiedlichen Riemenarten.

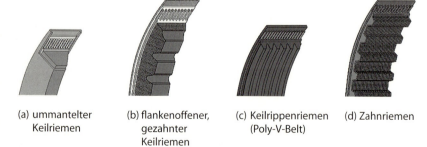

(a) ummantelter Keilriemen (b) flankenoffener, gezahnter Keilriemen (c) Keilrippenriemen (Poly-V-Belt) (d) Zahnriemen

Bild 9.1: Vergleich von Keilriemen, Keilrippenriemen und Zahnriemen (Quelle: Continental AG)

Beschichtete Gewebe

Neben Reifen, Schläuchen und Riemen finden beschichtete Gewebe auch als eigenständige Artikel Verwendung, etwa als Membranen und Spezialdichtungen. Die Wahl des hierfür verwendeten Kautschuks richtet sich nach dessen Beständigkeit gegenüber den abzudichtenden Stoffen sowie den im Einsatz auftretenden Temperaturen. So finden beispielsweise NBR, EPDM, ECO, MVQ, FMVQ und FKM Verwendung.

Auch großformatige Faltenbälge, wie bei Waggonübergängen in Bussen und Bahnen, bestehen aufgrund der Anforderungen an die mechanische Stabilität aus beschichteten Geweben, etwa aus CSM. Sie werden auch für Planen und Schlauchboote verwendet. Auskleidungen von Chemieanlagen sowie gas- und chemikaliendichte Schutzkleidung werden auf der Basis von Butylkautschuk hergestellt, oft in Kombination mit FKM.

Die verwendeten Gewebe bestehen je nach Anforderung aus Baumwolle, Polyamid, Polyester oder Aramid.

Walzen

Gummiwalzen werden durch das Aufwickeln von Kalanderbahnen auf einen Stahlkern und anschließende Vulkanisation im Autoklaven hergestellt. Bei kleinen Durchmessern werden auch vorgeformte Rohlinge auf den Kern aufgezogen. Je nach Anforderungen besteht die Beschichtung aus Weich-, Hart- oder Moosgummi. Ein wichtiges Einsatzgebiet ist die Druckindustrie, wo sowohl weiche als auch harte Walzen, vorwiegend aus NBR, verwendet werden. Für besonders abriebfeste Walzen, etwa in der textilverarbeitenden Industrie, wird XNBR verwendet.

Reifen

Reifen bilden durch die eingeschlossene Luft ein elastisches Polster, das Straßenunebenheiten abfängt. Vollgummireifen sind nur für geringe Beanspruchungen und Geschwindigkeiten geeignet. Bei hoher dynamische Belastung würden Vollgummireifen durch die entstehende Wärme (Heat-build-up) zerstört. Die Luft wird bei modernen schlauchlosen Reifen durch eine Schicht mit geringer Permeation, der so genannten Tubeless-Platte aus Butylkautschuk, am Entweichen gehindert. Die Lauffläche, bei PKW-Reifen meist aus BR/SBR Blends, soll möglichst abrieb- und verschleißfest sein, sich bei dynamischen Belastung möglichst gering erwärmen und optimale Haftung auf trockener und nasser Fahrbahn ermöglichen. Das Reifenprofil ermöglicht eine rasche Ableitung von Wasser zur Seite. Da jeder Reifen eine Aufstandsfläche von etwa der Größe einer Postkarte hat, wird deutlich, dass bei abnehmender Profiltiefe und zunehmender Geschwindigkeit die Wasserableitung zunehmend an Effektivität verliert, bis der Reifen schließlich aufschwimmt.

Schnee oder Eis werden durch den aufgrund des Gewichts des Fahrzeugs entstehenden Druck teilweise geschmolzen, so dass sich zwischen Reifen und Untergrund letztendlich eine dünne Wasserschicht befindet. Da der restliche Untergrund immer noch aus Schnee oder Eis besteht, wird die Haftung deutlich verringert. Winterreifenprofile besitzen daher feine Lamellen, die einerseits insbesondere auf Schnee eine bessere Traktion ermöglichen und andererseits die Wasserableitung weiter verbessern.

Während SBR die Nassrutschfestigkeit begünstigt, erhöht BR den Abriebwiderstand sowie die Haftung auf Schnee und Eis. LKW-Reifenlaufflächen bestehen vorwiegend aus NR, da dieser im Vergleich zu BR und SBR einen geringeren Heat-build-up aufweist. Die Seitenwand eines Reifens wird aus NR/BR Blends hergestellt. Die Verstärkung besteht aus verschiedenen Lagen Gewebe und Stahlcord (Gürtel).

Je nach Anforderungen und Hersteller sind Abweichungen nicht nur im Profil, sondern auch in der Reifenkonstruktion möglich. Die Bilder 9.2 und Bild 9.3 zeigen Schnittzeichnungen von PKW-Reifen verschiedener Hersteller.

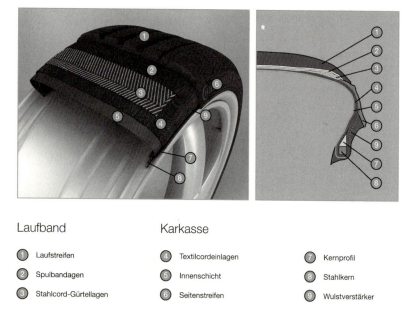

Bild 9.2: Bauteile eines PKW-Reifens (Quelle: Continental AG)

9 Artikelkunde 111

Bild 9.3: Schnitt durch einen PKW-Reifen (Quelle: Michelin Reifenwerke AG & Co. KGaA)

Anhang

A Weiterführende Literatur und Informationen

Röthemeyer, F.; Sommer, F. (2001): Kautschuktechnologie. München: Carl Hanser Verlag

Schnetger, J. (2004): Lexikon der Kautschuktechnik. Heidelberg: Hüthig Verlag

Schnetger, J. (1998): Kautschukverarbeitung. Verfahrenstechnische Grundlagen und Praxis. Würzburg: Vogel Verlag

Saechtling H.-J. (2004): Kunststoff-Taschenbuch. München: Carl Hanser Verlag

Deutsches Institut für Kautschuktechnologie e. V. (www.dikautschuk.de)

Deutsche Kautschuk-Gesellschaft e. V. (www.dkg-rubber.de)

Institut für Kunststoffverarbeitung an der RWTH Aachen (www.ikv-aachen.de)

International Institute of Synthetic Rubber Producers, Inc. (www.iisrp.com)

Malaysian Rubber Board (www.lgm.gov.my)

wdk Wirtschaftsverband der deutschen Kautschukindustrie e. V. (www.wdk.de)

Fachverband Kabel und isolierte Drähte im ZVEI e. V. (www.kabelverband.de)

B Glossar

Abrieb
Schädigung der Oberfläche durch Verschleiß.

Alterung
Änderung der physikalischen Eigenschaften durch äußere Einflüsse wie Wärme, UV-Licht, Ozon, Chemikalien und/oder wechselnde Verformung.

Blend
Mischung zweier Polymere, aber keine Copolymerisate.

Bruchdehnung
Maximale Dehnung beim Bruch (Zerreißen).

Copolymerisation
Herstellung eines Polymers aus mehreren Arten von Monomeren.

Dichte (frühere Bezeichnung: spezifisches Gewicht)
Verhältnis von Masse und Volumen. Wasser hat die Dichte von 1 g/ml, die meisten Polymere liegen etwas darüber oder darunter. Bei Polymeren mit relativ hoher Dichte ist eine größere Masse als bei Polymeren mit kleinerer Dichte erforderlich, um ein bestimmtes Volumen (z. B. das eines Formteils) auszufüllen.

Dienkautschuke (sprich: Di-en)
Kautschuke aus Monomeren mit zwei Doppelbindungen, z. B. Butadien.

Doppelbindungen
Besondere Form der chemischen Bindung zwischen zwei Atomen. Doppelbindungen gehen relativ leicht chemische Reaktionen ein, daher sind sie besonders anfällig gegen Angriff durch Sauerstoff, Ozon und andere Chemikalien; allerdings sind sie deswegen auch für die Vernetzung mit Schwefel unverzichtbar.

Drehmoment
Die zur Bewegung eines Körpers auf einer Kreisbahn erforderliche Kraft.

Druckverformungsrest
Verbleibende Änderung der ursprünglichen Probenhöhe nach der Entlastung von einer Druckbeanspruchung.

Dynamische Belastung
Belastung durch ständig wechselnde Verformung.

Elastizität
Vermögen eines Elastomers, einer aufgebrachten Kraft durch Verformung auszuweichen und nach Entlastung wieder die ursprüngliche Form einzunehmen (Rückstellkraft).

Friktion
Verhältnis der unterschiedlichen Drehzahlen bei Walzwerken und Innenmischern mit tangierenden Rotoren.

Einfachbindung
Relativ stabile Verbindung zwischen zwei Atomen. Kautschuke mit Einfachbindungen sind nicht mit Schwefel vernetzbar.

Härte
Widerstand gegen das Eindringen eines anderen Körpers.

Hauptkette
Bei Polymeren bezeichnet man damit die durch Aneinanderreihung der Monomere entstandene lange Kette.

Hydrolyse
Chemische Reaktion, bei der Moleküle durch Wasser aufgespalten werden (im Gegensatz zum Auflösen).

Isotherme
Messkurve, die bei konstanter Temperatur aufgenommen wird.

Katalysator
Stoffe, die eine chemische Reaktion unterstützen oder in vielen Fällen überhaupt erst ermöglichen.
Es handelt sich oft um spezielle Metalle. Katalysatoren nehmen an der chemischen Reaktion nicht teil.

Kälteflexibilität
Elastisches Verhalten bei tiefen Temperaturen.

Kautschukmischung
Mischung des Kautschuks mit Füllstoffen, Weichmachern und anderen für die Herstellung von Elastomeren erforderliche Chemikalien. Kautschukmischungen lassen sich noch nahezu beliebig verformen und besitzen im Gegensatz zu Elastomeren geringere Rückstellkräfte.

Koagulieren
Gewinnung des festen Kautschuks aus Naturlatex durch Gerinnung. Dieser Prozess wird durch Zugabe von Säure eingeleitet und ähnelt dem Eindicken von Milch bei der Käseherstellung.

Kohlenwasserstoffe
Verbindungen aus Kohlenstoff und Wasserstoff, manchmal auch weiteren Elementen (Sauerstoff, Schwefel, Chlor…). Wesentlich für die Polymerchemie. Wichtige Vertreter sind Ethylen, Propylen, Butadien usw.

Mechanische (physikalische) Eigenschaften
Sammelbegriff für Prüfwerte, die auf die Anwendbarkeit des Elastomers unter Zug- oder Druckbelastung hinweisen (Härte, Spannungswert, Zugfestigkeit, Bruchdehnung, Elastizität) sowie Angaben zum Abriebverhalten, Weiterreißwiderstand, Druckverformungsrest usw.

Monomer
Chemische Verbindung, die als Grundbaustein eines Polymers dessen Eigenschaften bestimmt.

Netzwerkbrücken
Chemische Verbindungen zwischen Polymermolekülen. Bei der Schwefelvernetzung Gruppen aus bis zu acht Schwefelatomen; bei Peroxidvernetzung als Einfachbindungen zwischen Kohlenstoffatomen.

Oxidation, oxidieren
Reaktion mit Sauerstoff. Führt bei Kautschuken zu Alterung durch Erweichen oder Versprödung.

Peroxide
Hochreaktive Substanzen, die die Vernetzung von Kautschuken ohne Doppelbindungen ermöglichen.

Pyrogene Kieselsäure
Extrem feinteilige, hochaktive Kieselsäure, die durch ein Hochtemperaturverfahren gewonnen wird.

Polymer
Makromolekül aus sehr vielen Monomeren (etwa 1000 bis 100 000).

Polyaddition
Zusammenlagerung von zwei oder mehr Ausgangsstoffen, z. B. Polyole und Isocyanate zu Polyurethanen.

Polykondensation
Zusammenlagerung von zwei oder mehr Ausgangsstoffen ähnlich der Polyaddition, jedoch werden hier kleinere Moleküle, z. B. Wasser, abgespalten werden (z. B. bei PET, PC).

Polymerisation
Verfahren zur Herstellung sehr langer Ketten aus kleinen Molekülen (Monomeren), in der Regel durch Umlagerung von Doppelbindungen.

Quellung
Änderung von Masse und Volumen nach Lagerung in einer Flüssigkeit.

Rheologie, rheologische Eigenschaften
Teilgebiet der Physik, das sich mit dem Fließen polymerer Stoffe befasst.

Seitengruppen
Funktionelle Gruppen, die sich seitlich von der Hauptkette befinden.

Seitenketten
Verzweigungen des Polymers.

Silane
Chemische Verbindungen auf der Basis von Silizium, die ähnlich wie Kohlenwasserstoffe aufgebaut sind. Als Füllstoffaktivatoren in kieselsäurehaltigen Mischungen ermöglichen Silane einen deutlich reduzierten Druckverformungsrest und gleichzeitig eine erhebliche Verringerung der Mischungsviskosität.

Spannungswert
Erforderliche Kraft beim Erreichen bestimmter Dehnungsstufen während des Zugversuchs.

Vernetzung
Chemische Verbindung von Polymerketten.

Vernetzungssystem
Die zur Vernetzung erforderlichen Chemikalien.

Viskosität
Von Kettenlänge und Verzweigungsgrad der Polymere abhängiges Maß für die Zähigkeit von Kautschuken. Bei Kautschukmischungen zusätzlich abhängig von der Art und Menge der verwendeten Füllstoffe und Weichmacher. Mit steigender Viskosität erhöht sich die zur Verformung von Kautschuken oder Kautschukmischungen benötigte Energie.

Vulkanisat
Durch Vulkanisation hergestelltes vernetztes Polymer (Elastomer).

Vulkanisation
Verfahren zur Vernetzung von Kautschuken bei hohen Temperaturen (etwa 140 °C bis über 200 °C).

Weiterreißwiderstand
Maximale Kraft, die ein definiert angeschnittener Probekörper dem Weiterreißen entgegensetzt.
Die Prüfung erfolgt auf der Zugmaschine.

Zugfestigkeit
Maximale Kraft beim Bruch (Zerreißen).

C Rohstoffverzeichnis

Die folgenden Tabellen geben eine Übersicht über gebräuchliche Kautschuke und Kautschukchemikalien (Quelle: Internet-Recherche, ohne Anspruch auf Vollständigkeit; Stand: Dezember 2006).

Tabelle C.1: Kautschuke und Kautschukchemikalien, sortiert nach Abkürzungen

Abkürzung	Chemische Bezeichnung	Funktion
6PPD	N-(1,3-dimethylbutyl)-N'-phenyl-p-phenylendiamin	Alterungsschutzmittel
77PD	N,N'-bis-(1,4-dimethylpentyl)-p-phenylendiamin	Alterungsschutzmittel
ACM	Acrylatkautschuk	Kautschuk
ADC	Azodicarbonamid	Treibmittel
ASE	Alkylsulfonsäureester des Phenols	Weichmacher
BDMA	1,4-Butandioldimethacrylat	Peroxidaktivator
BHT	2,6-Di-*tert*-butyl-4-methylphenol	Alterungsschutzmittel
BIIR	Brombutylkautschuk	Kautschuk
BOA	Benzyl-(2-ethylhexyl)-adipat	Weichmacher
BPH	2,2'-Methylen-bis-(4-methyl-6-*tert*-butylphenol)	Alterungsschutzmittel
BR	Butadienkautschuk	Kautschuk
CaO	Calciumoxid	Trocknungsmittel
CBS	N-Cyclohexyl-2-benzothiazylsulfenamid	Vulkanisationsbeschleuniger
CIIR	Chlorbutylkautschuk	Kautschuk
CM	Chloriertes Polyethylen	Kautschuk
CO	Epichlorhydrinkautschuk (Polyepichlorhydrin)	Kautschuk
CPE	Chloriertes Polyethylen; alternative Bezeichnung für CM	Kautschuk
CR	Chloroprenkautschuk	Kautschuk
CSM	Chlorsulfoniertes Polyethylen	Kautschuk
CTP	N-Cyclohexylthiophthalimid	Vulkanisationsverzögerer

Abkürzung	Chemische Bezeichnung	Funktion
DBD	2,2′-Dibenzamidodiphenyldisulfid	Mastizierhilfsmittel
DCBS	N,N-dicyclohexyl-2-benzothiazylsulfenamid	Vulkanisationsbeschleuniger
DCPD	Dicyclopentadien	Dienkomponente bei EPDM
DDA	Styrolisiertes Diphenylamin	Alterungsschutzmittel
DEG	Diethylenglykol	Füllstoffaktivator
DETU	Diethylthioharnstoff	Vulkanisationsbeschleuniger
DOTG	Di-o-tolyguanidin	Vulkanisationsbeschleuniger
DPG	N,N′-Diphenylguanidin	Vulkanisationsbeschleuniger
DPK	Diphenylkresylphosphat	Weichmacher, Flammschutzmittel
DPO	Diphenyl-2-ethylhexylphosphat	Weichmacher, Flammschutzmittel
DPPD	N,N′-Diphenyl-p-phenylendiamin	Alterungsschutzmittel
DPTT	Dipentamethylenthiuramtetrasulfid	Vulkanisationsbeschleuniger
DPTU	N,N′-Diphenylthioharnstoff	Vulkanisationsbeschleuniger
DTDC	Dithiodicaprolactam	Vernetzer
DTDM	4,4′-Dithiodimorpholin	Vulkanisationsbeschleuniger
EAM	Ethylen-Acrylat-Kautschuk	Kautschuk
ECO	Copolymer aus Epichlorhydrin und Ethylenoxid	Kautschuk
EDMA	Ethylenglykoldimethacrylat	Peroxidaktivator
ENB	Ethylidennorbonen	Dienkomponente bei EPDM
EPDM	Ethylen-Propylen-Dienkautschuk	Kautschuk
EPM	Ethylen-Propylen-Kautschuk	Kautschuk
E-SBR	Styrol-Butadien-Kautschuk; Emulsionsverfahren	Kautschuk
ETER	Terpolymer aus Epichlorhydrin, Ethylenoxid und einer weiteren Komponente; alternative Bezeichnung für GECO	Kautschuk
ETU	N,N′-Ethylenthioharnstoff	Vulkanisationsbeschleuniger
EVM	Ethylen-Vinylacetat-Kautschuk	Kautschuk
FFKM	Copolymere aus Tetrafluorethylen und Perfluormethylvinylether	Kautschuk

Abkürzung	Chemische Bezeichnung	Funktion
FKM	Fluorkautschuk; Co-, Ter- und Tetrapolymere auf Basis Vinylidenfluorid	Kautschuk
FVMQ	Fluorsilikonkautschuk; Copolymer aus Dimethylsiloxan mit Methyltrifluorpropylsiloxan	Kautschuk
GCO	Copolymer aus Epichlorhydrin und Allylglycidether	Kautschuk
GECO	Terpolymer aus Epichlorhydrin, Ethylenoxid und Allylglycidether	Kautschuk
HEXA/HMT	Hexamethylentetramin	Haftsystemkomponente
HMMM	Hexamethoxymethylmelaminether	Haftsystemkomponente
HNBR	Hydrierter Nitrilkautschuk	Kautschuk
IIR	Butylkautschuk	Kautschuk
IPPD	N-Isopropyl-N'-phenyl-p-phenylendiamin	Alterungsschutzmittel
IR	Isoprenkautschuk („synthetischer Naturkautschuk")	Kautschuk
MBI	2-Merkapto-benzimidazol	Alterungsschutzmittel
MBS	2-(Morpholinthio)-benzothiazol	Vulkanisationsbeschleuniger
MBT	2-Merkaptobenzthiazol	Vulkanisationsbeschleuniger
MBTS	2,2'-Dithio-bis-(benzthiazol)	Vulkanisationsbeschleuniger
MgO	Magnesiumoxid	Vernetzungsaktivator
MPTD	N,N'-Dimethyl-N,N'-diphenylthiuramdisulfid	Vulkanisationsbeschleuniger
MTT	3-Methylthiazolidinthion-2	Vulkanisationsbeschleuniger
NBR	Acrylnitril-Butadien-Kautschuk (Nitrilkautschuk)	Kautschuk
NBR/PVC	Blend aus Nitrilkautschuk und PVC	Kautschuk
NDBC	Nickeldibutyldithiocarbamat	Vulkanisationsbeschleuniger
NR	Naturkautschuk	Kautschuk
ODPA	Octyliertes Diphenylamin	Alterungsschutzmittel
OE-SBR	Styrol-Butadien-Kautschuk; ölverstreckt	Kautschuk
OTBG	o-Tolylbiguanid	Vulkanisationsbeschleuniger
PAN	Phenyl-α-naphthylamin	Alterungsschutzmittel

Abkürzung	Chemische Bezeichnung	Funktion
Pb_3O_4	Bleimennige (red lead)	Vernetzungsaktivator
PbO	Bleiglätte (lead oxide, litharge)	Vernetzungsaktivator
PEG	Polyethylenglykol	Füllstoffaktivator
PTA	Phthalsäureanhydrid	Vulkanisationsverzögerer
PVMQ	Silikonkautschuk; Terpolymer aus Dimethylsiloxan, Vinylmethylsiloxan und Phenylmethylsiloxan	Kautschuk
SB, SBS	Styrol-Butadien-Kautschuk mit Blöcken aus Styrol und Butadien	Kautschuk
SBR	Styrol-Butadien-Kautschuk	Kautschuk
S-SBR	Styrol-Butadien-Kautschuk; Lösungsverfahren (Solution)	Kautschuk
TAC	Triallylcyanurat	Peroxidaktivator
TBBS	N-*tert*-butyl-2-benzothiazylsulfenamid	Vulkanisationsbeschleuniger
TBSI	N-*tert*-butyl-2-benzothiazolsulfenimid	Vulkanisationsbeschleuniger
TBzTD	Tetrabenzylthiuramdisulfid	Vulkanisationsbeschleuniger
TDEC	Tellurdiethyldithiocarbamat	Vulkanisationsbeschleuniger
TEA	Triethanolamin	Vulkanisations- und Füllstoffaktivator
TETD	Tetraethylthiuramdisulfid	Vulkanisationsbeschleuniger
TKP	Trikresylphosphat	Weichmacher, Flammschutzmittel
TMQ	2,2,4-Trimethyl-1,2-dihydrochinolin, polymerisiert	Alterungsschutzmittel
TMTD	Tetramethylthiuramdisulfid	Vulkanisationsbeschleuniger
TMTM	Tetramethylthiurammonosulfid	Vulkanisationsbeschleuniger
TOF	Tris-(2-ethylhexyl)-phosphat	Weichmacher, Flammschutzmittel
TOTM	„Trioctyltrimellitat"; korrekter ist die chemische Bezeichnung Tri-(2-ethylhexyl)-trimellitat	Weichmacher
TRIM	Trimethylolpropantrimethacrylat	Peroxidaktivator
TSH	Toluolsulfohydrazid	Treibmittel

Abkürzung	Chemische Bezeichnung	Funktion
VMQ	Silikonkautschuk; Copolymer aus Dimethylsiloxan und Vinylmethylsiloxan	Kautschuk
XHNBR	Hydrierter Nitrilkautschuk; carboxyliert	Kautschuk
XIIR	Halo(gen)butylkautschuk	Kautschuk
XNBR	Carboxylierter Nitrilkautschuk	Kautschuk
Z5MC	Zinkpentamethylendithiocarbamat	Vulkanisationsbeschleuniger
ZBEC	Zinkdibenzyldithiocarbamat	Vulkanisationsbeschleuniger
ZBPD	Zinkdibutyldithiophosphat	Vulkanisationsbeschleuniger
ZDBC	Zinkdibutyldithiocarbamat	Vulkanisationsbeschleuniger
ZDEC	Zinkdiethyldithiocarbamat	Vulkanisationsbeschleuniger
ZDMC	Zinkdimethyldithiocarbamat	Vulkanisationsbeschleuniger
ZEPC	Zinkethylphenyldithiocarbamat	Vulkanisationsbeschleuniger
ZMBT	Zink-2-Merkaptobenzthiazol	Vulkanisationsbeschleuniger
ZMMBI	Zink-4- und 5-methylmerkaptobenzimidazol	Alterungsschutzmittel
ZnO	Zinkoxid	Vernetzungsaktivator

Tabelle C.2: Kautschuke und Kautschukchemikalien, sortiert nach chemischen Bezeichnungen

Chemische Bezeichnung	Abkürzung	Funktion
1,4-Butandioldimethacrylat	BDMA	Peroxidaktivator
2-(Morpholinthio)-benzothiazol	MBS	Vulkanisationsbeschleuniger
2,2,4-Trimethyl-1,2-dihydrochinolin, polymerisiert	TMQ	Alterungsschutzmittel
2,2′-Dibenzamidodiphenyldisulfid	DBD	Mastizierhilfsmittel
2,2′-Methylen-bis-(4-methyl-6-*tert*-butylphenol)	BPH	Alterungsschutzmittel
2,2′-Dithio-bis-(benzthiazol)	MBTS	Vulkanisationsbeschleuniger
2,6-Di-*tert*-butyl-4-methylphenol	BHT	Alterungsschutzmittel
2-Merkapto-benzimidazol	MBI	Alterungsschutzmittel
2-Merkaptobenzthiazol	MBT	Vulkanisationsbeschleuniger
3-Methylthiazolidinthion-2	MTT	Vulkanisationsbeschleuniger
4,4′-Dithiodimorpholin	DTDM	Vulkanisationsbeschleuniger
Acrylatkautschuk	ACM	Kautschuk
Acrylnitril-Butadien-Kautschuk (Nitrilkautschuk)	NBR	Kautschuk
Alkylsulfonsäureester des Phenols	ASE	Weichmacher
Azodicarbonamid	ADC	Treibmittel
Benzyl-(2-ethylhexyl)-adipat	BOA	Weichmacher
Bleiglätte (lead oxide, litharge)	PbO	Vernetzungsaktivator
Bleimennige (red lead)	Pb_3O_4	Vernetzungsaktivator
Blend aus Nitrilkautschuk und PVC	NBR/PVC	Kautschuk
Brombutylkautschuk	BIIR	Kautschuk
Butadienkautschuk	BR	Kautschuk
Butylkautschuk	IIR	Kautschuk
Calciumoxid	CaO	Trocknungsmittel
Carboxylierter Nitrilkautschuk	XNBR	Kautschuk
Chlorbutylkautschuk	CIIR	Kautschuk
Chloriertes Polyethylen	CM	Kautschuk

Chemische Bezeichnung	Abkürzung	Funktion
Chloriertes Polyethylen; alternative Bezeichnung für CM	CPE	Kautschuk
Chloroprenkautschuk	CR	Kautschuk
Chlorsulfoniertes Polyethylen	CSM	Kautschuk
Copolymer aus Epichlorhydrin und Allylglycidether	GCO	Kautschuk
Copolymer aus Epichlorhydrin und Ethylenoxid	ECO	Kautschuk
Copolymere aus Tetrafluorethylen und Perfluormethylvinylether	FFKM	Kautschuk
Dicyclopentadien	DCPD	Dienkomponente bei EPDM
Diethylenglykol	DEG	Füllstoffaktivator
Diethylthioharnstoff	DETU	Vulkanisationsbeschleuniger
Di-o-tolyguanidin	DOTG	Vulkanisationsbeschleuniger
Dipentamethylenthiuramtetrasulfid	DPTT	Vulkanisationsbeschleuniger
Diphenyl-2-ethylhexylphosphat	DPO	Weichmacher, Flammschutzmittel
Diphenylkresylphosphat	DPK	Weichmacher, Flammschutzmittel
Dithiodicaprolactam	DTDC	Vernetzer
Epichlorhydrinkautschuk (Polyepichlorhydrin)	CO	Kautschuk
Ethylen-Acrylat-Kautschuk	EAM	Kautschuk
Ethylenglykoldimethacrylat	EDMA	Peroxidaktivator
Ethylen-Propylen-Dienkautschuk	EPDM	Kautschuk
Ethylen-Propylen-Kautschuk	EPM	Kautschuk
Ethylen-Vinylacetat-Kautschuk	EVM	Kautschuk
Ethylidennorbonen	ENB	Dienkomponente bei EPDM
Fluorkautschuk; Co-, Ter- und Tetrapolymere auf Basis Vinylidenfluorid	FKM	Kautschuk
Fluorsilikonkautschuk; Copolymer aus Dimethylsiloxan mit Methyltrifluorpropylsiloxan	FVMQ	Kautschuk

Chemische Bezeichnung	Abkürzung	Funktion
Halo(gen)butylkautschuk	XIIR	Kautschuk
Hexamethoxymethylmelaminether	HMMM	Haftsystemkomponente
Hexamethylentetramin	HEXA/HMT	Haftsystemkomponente
Hydrierter Nitrilkautschuk	HNBR	Kautschuk
Hydrierter Nitrilkautschuk; carboxyliert	XHNBR	Kautschuk
Isoprenkautschuk („synthetischer Naturkautschuk")	IR	Kautschuk
Magnesiumoxid	MgO	Vernetzungsaktivator
N-(1,3-dimethylbutyl)-N'-phenyl-p-phenylendiamin	6PPD	Alterungsschutzmittel
N,N'-Diphenylthioharnstoff	DPTU	Vulkanisationsbeschleuniger
N,N'-bis-(1,4-dimethylpentyl)-p-phenylendiamin	77PD	Alterungsschutzmittel
N,N'-Diphenyl-p-phenylendiamin	DPPD	Alterungsschutzmittel
N,N-dicyclohexyl-2-benzothiazylsulfenamid	DCBS	Vulkanisationsbeschleuniger
N,N'-Dimethyl-N,N'-diphenylthiuramdisulfid	MPTD	Vulkanisationsbeschleuniger
N,N'-Diphenylguanidin	DPG	Vulkanisationsbeschleuniger
N,N'-Ethylenthioharnstoff	ETU	Vulkanisationsbeschleuniger
Naturkautschuk	NR	Kautschuk
N-Cyclohexyl-2-benzothiazylsulfenamid	CBS	Vulkanisationsbeschleuniger
N-Cyclohexylthiophthalimid	CTP	Vulkanisationsverzögerer
Nickeldibutyldithiocarbamat	NDBC	Vulkanisationsbeschleuniger
N-Isopropyl-N'-phenyl-p-phenylendiamin	IPPD	Alterungsschutzmittel
N-tert-butyl-2-benzothiazolsulfenimid	TBSI	Vulkanisationsbeschleuniger
N-tert-butyl-2-benzothiazylsulfenamid	TBBS	Vulkanisationsbeschleuniger
Octyliertes Diphenylamin	ODPA	Alterungsschutzmittel
o-Tolylbiguanid	OTBG	Vulkanisationsbeschleuniger
Phenyl-α-naphthylamin	PAN	Alterungsschutzmittel
Phthalsäureanhydrid	PTA	Vulkanisationsverzögerer
Polyethylenglykol	PEG	Füllstoffaktivator
Silikonkautschuk; Copolymer aus Dimethylsiloxan und Vinylmethylsiloxan	VMQ	Kautschuk

Chemische Bezeichnung	Abkürzung	Funktion
Silikonkautschuk; Terpolymer aus Dimethylsiloxan, Vinylmethylsiloxan und Phenylmethylsiloxan	PVMQ	Kautschuk
Styrol-Butadien-Kautschuk	SBR	Kautschuk
Styrol-Butadien-Kautschuk mit Blöcken aus Styrol und Butadien	SB, SBS	Kautschuk
Styrol-Butadien-Kautschuk; Emulsionsverfahren	E-SBR	Kautschuk
Styrol-Butadien-Kautschuk; Lösungsverfahren (Solution)	S-SBR	Kautschuk
Styrol-Butadien-Kautschuk; ölverstreckt	OE-SBR	Kautschuk
Styrolisiertes Diphenylamin	DDA	Alterungsschutzmittel
Tellurdiethyldithiocarbamat	TDEC	Vulkanisationsbeschleuniger
Terpolymer aus Epichlorhydrin, Ethylenoxid und Allylglycidether	GECO	Kautschuk
Terpolymer aus Epichlorhydrin, Ethylenoxid und einer weiteren Komponente; alternative Bezeichnung für GECO	ETER	Kautschuk
Tetrabenzylthiuramdisulfid	TBzTD	Vulkanisationsbeschleuniger
Tetraethylthiuramdisulfid	TETD	Vulkanisationsbeschleuniger
Tetramethylthiuramdisulfid	TMTD	Vulkanisationsbeschleuniger
Tetramethylthiurammonosulfid	TMTM	Vulkanisationsbeschleuniger
Toluolsulfohydrazid	TSH	Treibmittel
Triallylcyanurat	TAC	Peroxidaktivator
Triethanolamin	TEA	Vulkanisations- und Füllstoffaktivator
Trikresylphosphat	TKP	Weichmacher, Flammschutzmittel
Trimethylolpropantrimethacrylat	TRIM	Peroxidaktivator
„Trioctyltrimellitat"; korrekter ist die chemische Bezeichnung Tri-(2-ethylhexyl)-trimellitat	TOTM	Weichmacher
Tris-(2-ethylhexyl)-phosphat	TOF	Weichmacher, Flammschutzmittel
Zink-2-Merkaptobenzthiazol	ZMBT	Vulkanisationsbeschleuniger
Zink-4- und 5-methylmerkaptobenzimidazol	ZMMBI	Alterungsschutzmittel

Chemische Bezeichnung	Abkürzung	Funktion
Zinkdibenzyldithiocarbamat	ZBEC	Vulkanisationsbeschleuniger
Zinkdibutyldithiocarbamat	ZDBC	Vulkanisationsbeschleuniger
Zinkdibutyldithiophosphat	ZBPD	Vulkanisationsbeschleuniger
Zinkdiethyldithiocarbamat	ZDEC	Vulkanisationsbeschleuniger
Zinkdimethyldithiocarbamat	ZDMC	Vulkanisationsbeschleuniger
Zinkethylphenyldithiocarbamat	ZEPC	Vulkanisationsbeschleuniger
Zinkoxid	ZnO	Vernetzungsaktivator
Zinkpentamethylendithiocarbamat	Z5MC	Vulkanisationsbeschleuniger

Tabelle C.3: Kautschuke und Kautschukchemikalien, sortiert nach Funktion

Funktion	chemische Bezeichnung	Abkürzung
Alterungsschutzmittel	2,2,4-Trimethyl-1,2-dihydrochinolin, polymerisiert	TMQ
Alterungsschutzmittel	2,2'-Methylen-bis-(4-methyl-6-*tert*-butylphenol)	BPH
Alterungsschutzmittel	2,6-Di-*tert*-butyl-4-methylphenol	BHT
Alterungsschutzmittel	2-Merkapto-benzimidazol	MBI
Alterungsschutzmittel	N-(1,3-dimethylbutyl)-N'-phenyl-*p*-phenylendiamin	6PPD
Alterungsschutzmittel	N,N'-bis-(1,4-dimethylpentyl)-*p*-phenylendiamin	77PD
Alterungsschutzmittel	N,N'-Diphenyl-*p*-phenylendiamin	DPPD
Alterungsschutzmittel	N-Isopropyl-N'-phenyl-*p*-phenylendiamin	IPPD
Alterungsschutzmittel	Octyliertes Diphenylamin	ODPA
Alterungsschutzmittel	Phenyl-α-naphthylamin	PAN
Alterungsschutzmittel	Styrolisiertes Diphenylamin	DDA
Alterungsschutzmittel	Zink-4- und 5-methylmerkaptobenzimidazol	ZMMBI
Dienkomponente bei EPDM	Dicyclopentadien	DCPD
Dienkomponente bei EPDM	Ethylidennorbonen	ENB
Füllstoffaktivator	Diethylenglykol	DEG
Füllstoffaktivator	Polyethylenglykol	PEG
Haftsystemkomponente	Hexamethoxymethylmelaminether	HMMM
Haftsystemkomponente	Hexamethylentetramin	HEXA/HMT
Kautschuk	Acrylatkautschuk	ACM
Kautschuk	Acrylnitril-Butadien-Kautschuk (Nitrilkautschuk)	NBR
Kautschuk	Blend aus Nitrilkautschuk und PVC	NBR/PVC
Kautschuk	Brombutylkautschuk	BIIR
Kautschuk	Butadienkautschuk	BR
Kautschuk	Butylkautschuk	IIR

Funktion	chemische Bezeichnung	Abkürzung
Kautschuk	Carboxylierter Nitrilkautschuk	XNBR
Kautschuk	Chlorbutylkautschuk	CIIR
Kautschuk	Chloriertes Polyethylen	CM
Kautschuk	Chloriertes Polyethylen; alternative Bezeichnung für CM	CPE
Kautschuk	Chloroprenkautschuk	CR
Kautschuk	Chlorsulfoniertes Polyethylen	CSM
Kautschuk	Copolymer aus Epichlorhydrin und Allylglycidether	GCO
Kautschuk	Copolymer aus Epichlorhydrin und Ethylenoxid	ECO
Kautschuk	Copolymere aus Tetrafluorethylen und Perfluormethylvinylether	FFKM
Kautschuk	Epichlorhydrinkautschuk (Polyepichlorhydrin)	CO
Kautschuk	Ethylen-Acrylat-Kautschuk	EAM
Kautschuk	Ethylen-Propylen-Dienkautschuk	EPDM
Kautschuk	Ethylen-Propylen-Kautschuk	EPM
Kautschuk	Ethylen-Vinylacetat-Kautschuk	EVM
Kautschuk	Fluorkautschuk; Co-, Ter- und Tetrapolymere auf Basis Vinylidenfluorid	FKM
Kautschuk	Fluorsilikonkautschuk; Copolymer aus Dimethylsiloxan mit Methyltrifluorpropylsiloxan	FVMQ
Kautschuk	Halo(gen)butylkautschuk	XIIR
Kautschuk	Hydrierter Nitrilkautschuk	HNBR
Kautschuk	Hydrierter Nitrilkautschuk; carboxyliert	XHNBR
Kautschuk	Isoprenkautschuk („synthetischer Naturkautschuk")	IR
Kautschuk	Naturkautschuk	NR
Kautschuk	Silikonkautschuk; Copolymer aus Dimethylsiloxan und Vinylmethylsiloxan	VMQ
Kautschuk	Silikonkautschuk; Terpolymer aus Dimethylsiloxan, Vinylmethylsiloxan und Phenylmethylsiloxan	PVMQ
Kautschuk	Styrol-Butadien-Kautschuk	SBR

C Rohstoffverzeichnis 131

Funktion	chemische Bezeichnung	Abkürzung
Kautschuk	Styrol-Butadien-Kautschuk mit Blöcken aus Styrol und Butadien	SB, SBS
Kautschuk	Styrol-Butadien-Kautschuk; Emulsionsverfahren	E-SBR
Kautschuk	Styrol-Butadien-Kautschuk; Lösungsverfahren (Solution)	S-SBR
Kautschuk	Styrol-Butadien-Kautschuk; ölverstreckt	OE-SBR
Kautschuk	Terpolymer aus Epichlorhydrin, Ethylenoxid und Allylglycidether	GECO
Kautschuk	Terpolymer aus Epichlorhydrin, Ethylenoxid und einer weiteren Komponente; alternative Bezeichnung für GECO	ETER
Mastizierhilfsmittel	2,2'-Dibenzamidodiphenyldisulfid	DBD
Peroxidaktivator	1,4-Butandioldimethacrylat	BDMA
Peroxidaktivator	Ethylenglykoldimethacrylat	EDMA
Peroxidaktivator	Triallylcyanurat	TAC
Peroxidaktivator	Trimethylolpropantrimethacrylat	TRIM
Treibmittel	Azodicarbonamid	ADC
Treibmittel	Toluolsulfohydrazid	TSH
Trocknungsmittel	Calciumoxid	CaO
Vernetzer	Dithiodicaprolactam	DTDC
Vernetzungsaktivator	Bleiglätte (lead oxide, litharge)	PbO
Vernetzungsaktivator	Bleimennige (red lead)	Pb3O4
Vernetzungsaktivator	Magnesiumoxid	MgO
Vernetzungsaktivator	Zinkoxid	ZnO
Vulkanisations- und Füllstoffaktivator	Triethanolamin	TEA
Vulkanisationsbeschleuniger	2-(Morpholinthio)-benzothiazol	MBS
Vulkanisationsbeschleuniger	2,2'-Dithio-bis-(benzthiazol)	MBTS
Vulkanisationsbeschleuniger	2-Merkaptobenzthiazol	MBT
Vulkanisationsbeschleuniger	3-Methylthiazolidinthion-2	MTT
Vulkanisationsbeschleuniger	4,4'-Dithiodimorpholin	DTDM
Vulkanisationsbeschleuniger	Diethylthioharnstoff	DETU

Funktion	chemische Bezeichnung	Abkürzung
Vulkanisationsbeschleuniger	Di-o-tolyguanidin	DOTG
Vulkanisationsbeschleuniger	Dipentamethylenthiuramtetrasulfid	DPTT
Vulkanisationsbeschleuniger	N,N'-Diphenylthioharnstoff	DPTU
Vulkanisationsbeschleuniger	N,N-dicyclohexyl-2-benzothiazylsulfenamid	DCBS
Vulkanisationsbeschleuniger	N,N'-Dimethyl-N,N'-diphenylthiuramdisulfid	MPTD
Vulkanisationsbeschleuniger	N,N'-Diphenylguanidin	DPG
Vulkanisationsbeschleuniger	N,N'-Ethylenthioharnstoff	ETU
Vulkanisationsbeschleuniger	N-Cyclohexyl-2-benzothiazylsulfenamid	CBS
Vulkanisationsbeschleuniger	Nickeldibutyldithiocarbamat	NDBC
Vulkanisationsbeschleuniger	N-tert-butyl-2-benzothiazolsulfenimid	TBSI
Vulkanisationsbeschleuniger	N-tert-butyl-2-benzothiazylsulfenamid	TBBS
Vulkanisationsbeschleuniger	o-Tolylbiguanid	OTBG
Vulkanisationsbeschleuniger	Tellurdiethyldithiocarbamat	TDEC
Vulkanisationsbeschleuniger	Tetrabenzylthiuramdisulfid	TBzTD
Vulkanisationsbeschleuniger	Tetraethylthiuramdisulfid	TETD
Vulkanisationsbeschleuniger	Tetramethylthiuramdisulfid	TMTD
Vulkanisationsbeschleuniger	Tetramethylthiurammonosulfid	TMTM
Vulkanisationsbeschleuniger	Zink-2-Merkaptobenzthiazol	ZMBT
Vulkanisationsbeschleuniger	Zinkdibenzyldithiocarbamat	ZBEC
Vulkanisationsbeschleuniger	Zinkdibutyldithiocarbamat	ZDBC
Vulkanisationsbeschleuniger	Zinkdibutyldithiophosphat	ZBPD
Vulkanisationsbeschleuniger	Zinkdiethyldithiocarbamat	ZDEC
Vulkanisationsbeschleuniger	Zinkdimethyldithiocarbamat	ZDMC
Vulkanisationsbeschleuniger	Zinkethylphenyldithiocarbamat	ZEPC
Vulkanisationsbeschleuniger	Zinkpentamethylendithiocarbamat	Z5MC
Vulkanisationsverzögerer	N-Cyclohexylthiophthalimid	CTP
Vulkanisationsverzögerer	Phthalsäureanhydrid	PTA
Weichmacher	„Trioctyltrimellitat"; korrekter ist die chemische Bezeichnung Tri-(2-ethylhexyl)-trimellitat	TOTM
Weichmacher	Alkylsulfonsäureester des Phenols	ASE
Weichmacher	Benzyl-(2-ethylhexyl)-adipat	BOA

Funktion	chemische Bezeichnung	Abkürzung
Weichmacher, Flammschutzmittel	Diphenyl-2-ethylhexylphosphat	DPO
Weichmacher, Flammschutzmittel	Diphenylkresylphosphat	DPK
Weichmacher, Flammschutzmittel	Trikresylphosphat	TKP
Weichmacher, Flammschutzmittel	Tris-(2-ethylhexyl)-phosphat	TOF

D   Handelsnamen und Hersteller

Anhand der nachstehenden Tabellen soll eine Übersicht über verschiedene Kautschuke, Kautschukchemikalien und Hersteller ermöglicht werden (Quelle: Internet-Recherche, ohne Anspruch auf Vollständigkeit; Stand: Dezember 2006). Dabei verwenden einige Hersteller gleiche Bezeichnungen für mehrere Arten von Polymeren oder Chemikalien. Die einzelnen Produkte werden dann anhand von weiteren Kennzeichnungen charakterisiert.

Tabelle D.1: Lieferanten von Kautschuken

Name	ACM	BR	CM	CO, ECO, GCO, GECO	CR	CSM	EAM	EPM, EPDM	EVM	FKM, FFKM	HNBR	IIR, BIIR, CIIR	IR	NBR	NR	SBR	VMQ, PVMQ, FVMQ	TPE
3M Dyneon										x								
Bayer MaterialScience AG																		x
C. H. Erbslöh KG						x	x											x
Chemtura Corporation							x											
Daikin Chemical Europe GmbH										x								
Daiso Co., Ltd.				x	x													
Denka						x	x											
Dow Chemical Company		x	x					x								x	x	
DSM Elastomers B. V.							x											
DuPont Performance Elastomers						x	x			x								
EFREMOV-KAUTSCHUK GMBH	x																	
Eliokem	x													x				
ExxonMobil Chemical								x				x						x
Fine Polymers Kautschuk-GmbH				x	x	x		x										
JSR Corporation				x				x	x				x	x		x	x	

D Handelsnamen und Hersteller

Name	ACM	BR	CM	CO, ECO, GCO, GECO	CR	CSM	EAM	EPM, EPDM	EVM	FKM, FFKM	HNBR	IIR, BIIR, CIIR	IR	NBR	NR	SBR	VMQ, PVMQ, FVMQ	TPE
Korea Kumho	x													x	x			
Krahn Chemie GmbH		x	x	x	x	x		x						x		x	x	
Kraton Polymers LLC																		x
Lanxess AG	x		x					x	x		x	x		x	x			
Lehmann & Voss & Co.												x						
LG Chemicals	x													x	x			
Nordmann, Rassmann GmbH		x	x		x				x				x	x		x	x	
Paul Tiefenbacher GmbH														x				
Polimeri Europa SpA		x						x						x	x			
Solvay S. A.										x								
Sumitomo							x									x		
Tosoh Corporation				x	x													
Wacker Chemie AG																	x	
Weber & Schaer GmbH & Co.															x			
Zeon Corporation	x			x							x			x				

Tabelle D.2: Lieferanten von Kautschukchemikalien

Name	Vulkanisationsbeschleuniger und -verzögerer	Peroxide	Metalloxide	Alterungsschutzmittel	Ruß	mineralische Füllstoffe	Weichmacher	andere, z. B. Füllstoffaktivatoren, Verarbeitungshilfsmittel, Haftmittel, Mastiziermittel
AB Nynäs Petroleum							x	
Adeka Corporation							x	
Akrochem Corporation	x	x	x	x	x	x	x	x
Akzo Nobel GmbH		x						
Arkema		x						
C. P. Hall Company							x	x
C. H. Erbslöh KG	x			x				x
Cabot Corporation					x			
Chemetall GmbH	x			x				x
Chemtura Corporation	x			x				x
Cognis Performance Chemicals							x	
Columbian Chemicals Company					x			
Cytec Industries Inc.								x
Degussa AG		x			x	x		x
DOG Deutsche Oelfabrik Ges. f. chem. Erz. mbH & Co. KG	x							x
Duslo a. s.	x			x				
Eliokem				x				
Flexsys	x			x				x
General Quimica S. A.	x			x				
Grillo-Werke AG			x					
Hoffmann Mineral GmbH & Co. KG						x		
Indspec Chemical Corporation								x

D Handelsnamen und Hersteller

Name	Vulkanisationsbeschleuniger und -verzögerer	Peroxide	Metalloxide	Alterungsschutzmittel	Ruß	mineralische Füllstoffe	Weichmacher	andere, z. B. Füllstoffaktivatoren, Verarbeitungshilfsmittel, Haftmittel, Mastiziermittel
Isochem Kautschuk GmbH	x							
Kawaguchi Chemical Industry Co., Ltd.	x			x				x
Kettlitz-Chemie GmbH & Co. KG							x	x
KG Deutsche Gasrußwerke GmbH & Co.					x			
Korea Kumho	x			x				x
Krahn Chemie GmbH	x			x				x
Lanxess AG	x		x	x		x	x	x
Lehmann & Voss & Co.	x		x	x	x		x	x
Lord Corporation								x
MLPC International	x			x				x
Münch Chemie-International GmbH								x
Nordmann, Rassmann GmbH	x	x	x	x	x	x		x
Norzinco GmbH Harzer Zinkoxide			x					
R. T. Vanderbilt Company, Inc.	x	x		x	x	x	x	x
Rhein Chemie Rheinau GmbH	x		x	x			x	x
Robinson Brothers Ltd.	x			x				
Safic–Alcan Deutschland GmbH	x			x				x
Schill + Seilacher „Struktol" AG								x
Sumitomo	x			x				x
Wacker Chemie AG								x
Zeon Corporation	x							

Tabelle D.3: Handelsbezeichnungen für Kautschuke und Kautschukchemikalien

Die Wiedergabe von Gebrauchsnamen, Handelsnamen, Warenbezeichnungen und dgl. berechtigt auch ohne besondere Kennzeichnung nicht zu der Annahme, dass solche Namen im Sinne der Warenzeichen- und Markenschutzgesetzgebung als frei zu betrachten wären und daher von jedermann benutzt werden dürften.

Name	Funktion	Hersteller
Accel	Vernetzungschemikalien	Kawaguchi Chemical Industry Co., Ltd.
Acsium	alkyliertes CSM (ACSM)	DuPont Performance Elastomers
Actor	Vernetzungschemikalien	Kawaguchi Chemical Industry Co., Ltd.
ADK CIZER	Synthetischer Weichmacher	Adeka Corporation
Aflas	FKM/FFKM	JSR Corporation
Aflux	Verarbeitungshilfsmittel	Rhein Chemie Rheinau GmbH
Agerite	Alterungsschutzmittel	R. T. Vanderbilt Company, Inc.
Aktiplast	Verarbeitungshilfsmittel	Rhein Chemie Rheinau GmbH
Aktisil	mineralischer Füllstoff	Hoffmann Mineral GmbH & Co. KG
Alcryn	TPE	Advanced Polymer Alloys, LLC
Antage	Alterungsschutzmittel	Kawaguchi Chemical Industry Co., Ltd.
Antilux	Alterungsschutzmittel	Rhein Chemie Rheinau GmbH
Apyral	mineralischer Füllstoff	Nabaltec GmbH
Baypren	CR	Lanxess AG
Bisoflex	Synthetischer Weichmacher	Cognis Performance Chemicals
Buna BL	SBS	Lanxess AG
Buna CB	BR	Lanxess AG
Buna EP	EPM/EPDM	Lanxess AG
Buna SB	SBR	Dow Chemical Company
Buna VSL	SBR	Lanxess AG
Celogen	Treibmittel	Chemtura Corporation
Chemigum	NBR	Eliokem
Chemlok	Haftmittel	Lord Corporation
Cohedur	Haftmittel	Lanxess AG
Conductex	Ruß	Columbian Chemicals Company
Corax	Ruß	Degussa AG

Name	Funktion	Hersteller
Cure-Rite	Vernetzungschemikalien	R. T. Vanderbilt Company, Inc.
Cyrez	Haftmittel	Cytec Industries Inc.
DAI-EL	FKM/FFKM	Daikin Chemical Europe GmbH
Daisolac	CM	Daiso Co., Ltd.
Delac	Vernetzungschemikalien	Chemtura Corporation
Denka Chloroprene	CR	Denka
Denka ER	EAM	Denka
Deoflow	Gleitmittel	DOG Deutsche Oelfabrik Ges. f. chem. Erz. mbH & Co. KG
Deostab	Vernetzungschemikalien	DOG Deutsche Oelfabrik Ges. f. chem. Erz. mbH & Co. KG
Deosulf	Vernetzungschemikalien	DOG Deutsche Oelfabrik Ges. f. chem. Erz. mbH & Co. KG
Deovulc	Vernetzungschemikalien	DOG Deutsche Oelfabrik Ges. f. chem. Erz. mbH & Co. KG
Desmopan	TPE	Bayer MaterialScience AG
Diak	Vernetzungschemikalien	R. T. Vanderbilt Company, Inc.
Dispergum	Mastiziermittel	DOG Deutsche Oelfabrik Ges. f. chem. Erz. mbH & Co. KG
Dixie clay	mineralischer Füllstoff	R. T. Vanderbilt Company, Inc.
Dusantox	Alterungsschutzmittel	Duslo a. s.
Dutral	EPM/EPDM	Polimeri Europa SpA
Dyneon	FKM/FFKM	3M Dyneon
Ekaland	Vernetzungschemikalien	MLPC International
Ekaland	Alterungsschutzmittel	MLPC International
Elastomag	Magnesiumoxid	Akrochem Corporation
Elastosil	VMQ	Wacker Chemie AG
Elvax	EVM	C. H. Erbslöh KG
Esprene	EPM/EPDM	Krahn Chemie Gmbh
Europrene	BR	Polimeri Europa SpA
Europrene	SBR	Polimeri Europa SpA
Europrene	NBR	Polimeri Europa SpA

Name	Funktion	Hersteller
EXXON Bromobutyl	BIIR	ExxonMobil Chemical
EXXON Butyl	IIR	ExxonMobil Chemical
EXXON Chlorobutyl	CIIR	ExxonMobil Chemical
Flectol	Alterungsschutzmittel	Flexsys
Flexzone	Alterungsschutzmittel	Chemtura Corporation
Hallbond	Haftmittel	C. P. Hall Company
Hydrin	CO/ECO/GECO	Zeon Corporation
Hypalon	CSM	DuPont Performance Elastomers
Hyrub, Tierub	NR	Paul Tiefenbacher GmbH
Hytemp	ACM	Zeon Corporation
Isogrip	IR	Lehmann & Voss & Co.
IsoQure	Vernetzungschemikalien	Isochem Kautschuk GmbH
Kalrez	FFKM	DuPont Performance Elastomers
Keltan	EPM/EPDM	DSM Elastomers B. V.
Kosyn	BR	Korea Kumho
Kosyn	SBR	Korea Kumho
Kosyn	NBR	Korea Kumho
Kraton	IR	Kraton Polymers LLC
Krylene	SBR	Lanxess AG
Krynac	NBR	Lanxess AG
Krynol	SBR	Lanxess AG
Kumac	Vernetzungschemikalien	Korea Kumho
Kumad	Haftmittel	Korea Kumho
Kumanox	Alterungsschutzmittel	Korea Kumho
Lanxess Bromobutyl	BIIR	Lanxess AG
Lanxess Butyl	IIR	Lanxess AG
Lanxess Chlorobutyl	CIIR	Lanxess AG
Levaform	Trennmittel	Rhein Chemie Rheinau GmbH
Levapren	EVM	Lanxess AG
Luperox	Peroxid	Arkema

Name	Funktion	Hersteller
Luvomag	Magnesiumoxid	Lehmann & Voss & Co.
Luvomaxx	Vernetzungschemikalien	Lehmann & Voss & Co.
Luvomaxx	Alterungsschutzmittel	Lehmann & Voss & Co.
Luvomaxx	Verarbeitungshilfsmittel	Lehmann & Voss & Co.
Luvomaxx	Synthetischer Weichmacher	Lehmann & Voss & Co.
Martinal	mineralischer Füllstoff	Martinswerk GmbH
Mediaplast	Synthetischer Weichmacher	Kettlitz-Chemie GmbH & Co. KG
Mixland	Vernetzungschemikalien	MLPC International
Mixland	Alterungsschutzmittel	MLPC International
Naftocit	Vernetzungschemikalien	Chemetall GmbH
Naftonox	Alterungsschutzmittel	Chemetall GmbH
Naugard	Alterungsschutzmittel	Chemtura Corporation
Naugex	Vernetzungschemikalien	Chemtura Corporation
Neoprene	CR	DuPont Performance Elastomers
Neorub	NR	WEBER & SCHAER GmbH & CO.
Neotex	NR	WEBER & SCHAER GmbH & CO.
Nipol	NBR	Zeon Corporation
Norantox	Alterungsschutzmittel	Nordmann, Rassmann GmbH
Norazon	Alterungsschutzmittel	Nordmann, Rassmann GmbH
Norcure	Vernetzungschemikalien	Nordmann, Rassmann GmbH
Nordel	EPM/EPDM	Dow Chemical Company
Norperox	Peroxid	Nordmann, Rassmann GmbH
Nycoflex	Synthetischer Weichmacher	Safic–Alcan Deutschland GmbH
Nyflex	Mineralölweichmacher	AB Nynäs Petroleum
Paraplex	Synthetischer Weichmacher	C. P. Hall Company
Peptor	Mastiziermittel	Kawaguchi Chemical Industry Co., Ltd.
Perbunan	NBR	Lanxess AG
Perkacit	Vernetzungschemikalien	Flexsys
Perkadox	Peroxid	Akzo Nobel GmbH
Permanax	Alterungsschutzmittel	Flexsys

Name	Funktion	Hersteller
Polychlor	CR	Fine Polymers Kautschuk-GmbH
Poly-CO	CO/ECO/GECO	Fine Polymers Kautschuk-GmbH
Poly-CSM	CSM	Fine Polymers Kautschuk-GmbH
Poly-ECO	CO/ECO/GECO	Fine Polymers Kautschuk-GmbH
Polyflor	FKM	Fine Polymers Kautschuk-GmbH
Raven	Ruß	Columbian Chemicals Company
Regal	Ruß	Cabot Corporation
Renacit	Mastiziermittel	Lanxess AG
Rhenocure	Vernetzungschemikalien	Rhein Chemie Rheinau GmbH
Rhenodiv	Trennmittel	Rhein Chemie Rheinau GmbH
Rhenofit	Alterungsschutzmittel	Rhein Chemie Rheinau GmbH
Rhenogran	Vernetzungschemikalien	Rhein Chemie Rheinau GmbH
Rhenogran	Alterungsschutzmittel	Rhein Chemie Rheinau GmbH
Rhenogran	Haftmittel	Rhein Chemie Rheinau GmbH
Rhenogran	Treibmittel	Rhein Chemie Rheinau GmbH
Rhenopren	Verarbeitungshilfsmittel	Rhein Chemie Rheinau GmbH
Rhenosin	Verarbeitungshilfsmittel	Rhein Chemie Rheinau GmbH
Robac	Vernetzungschemikalien	Akrochem Corporation
Robac	Vernetzungschemikalien	Krahn Chemie Gmbh
RoyalEdge	EPM/EPDM	Chemtura Corporation
Royalene	EPM/EPDM	Chemtura Corporation
RoyalTherm	EPM/EPDM	Chemtura Corporation
Rubatan	Alterungsschutzmittel	General Quimica S. A.
Rubator	Vernetzungschemikalien	General Quimica S. A.
Rubenamid	Vernetzungschemikalien	General Quimica S. A.
Santocure	Vernetzungschemikalien	Flexsys
Santoflex	Alterungsschutzmittel	Flexsys
Santogard	Vernetzungschemikalien	Flexsys
Santoprene	TPE	ExxonMobil Chemical
Santoweb	Haftmittel	Flexsys

Name	Funktion	Hersteller
Scorchguard	Magnesiumoxid	Rhein Chemie Rheinau GmbH
Sillitin	mineralischer Füllstoff	HOFFMANN MINERAL GmbH & Co. KG
SKD	BR	Efremov-Kautschuk GmbH
Skyprene	CR	Tosoh Corporation
Sol	SBR	Korea Kumho
Spheron	Ruß	Cabot Corporation
Statex	Ruß	Columbian Chemicals Company
Sterling	Ruß	Akrochem Corporation
Struktol	Verarbeitungshilfsmittel	Schill + Seilacher „Struktol" AG
Struktol	Mastiziermittel	Schill + Seilacher „Struktol" AG
Sulfasan	Vernetzungschemikalien	Flexsys
Sulfenax	Vernetzungschemikalien	Duslo a. s.
Sunigum	ACM	Eliokem
Taktene	BR	Lanxess AG
Tecnoflon	FKM/FFKM	Solvay S. A.
Therban	HNBR	Lanxess AG
Tracel	Treibmittel	Nordmann, Rassmann GmbH
Tremico	Verarbeitungshilfsmittel	C. H. Erbslöh KG
Trigonox	Peroxid	Akzo Nobel GmbH
Tyrin	CM	Dow Chemical Company
Ultrasil	mineralischer Füllstoff	Degussa AG
Unicell	Treibmittel	Nordmann, Rassmann GmbH
Vamac	EAM	DuPont Performance Elastomers
Vanax	Vernetzungschemikalien	R. T. Vanderbilt Company, Inc.
Vanfre	Verarbeitungshilfsmittel	R. T. Vanderbilt Company, Inc.
Vanox	Alterungsschutzmittel	R. T. Vanderbilt Company, Inc.
Vanplast	Synthetischer Weichmacher	R. T. Vanderbilt Company, Inc.
Vantard	Vernetzungschemikalien	R. T. Vanderbilt Company, Inc.
Varox	Peroxid	R. T. Vanderbilt Company, Inc.
Vistalon	EPM/EPDM	ExxonMobil Chemical

Name	Funktion	Hersteller
Viton	FKM	DuPont Performance Elastomers
Vulcan	Ruß	Akrochem Corporation
Vulcofac	Vernetzungschemikalien	Safic–Alcan Deutschland GmbH
Vulkacit	Vernetzungschemikalien	Lanxess AG
Vulkalent	Vernetzungschemikalien	Lanxess AG
Vulkanol	Synthetischer Weichmacher	Lanxess AG
Vulkanox	Alterungsschutzmittel	Lanxess AG
Vulkasil	mineralischer Füllstoff	Lanxess AG
Vulkazon	Alterungsschutzmittel	Lanxess AG
Wingstay	Alterungsschutzmittel	Eliokem
Zeolex	mineralischer Füllstoff	Akrochem Corporation
Zetpol	HNBR	Zeon Corporation
Zic Stick	Zinkoxid	Rhein Chemie Rheinau GmbH
Zinkoxyd aktiv	Zinkoxid	Lanxess AG
Zinkweiss	Zinkoxid	Grillo-Werke AG
Zinkweiss Harzsiegel	Zinkoxid	Norzinco GmbH Harzer Zinkoxide
Zisnet	Vernetzungschemikalien	Zeon Corporation

Tabelle D.4: Verzeichnis der Lieferanten im Internet

Hersteller	URL
3M Dyneon	http://www.dyneon.com
Adeka Corporation	http://www.adk.co.jp
Advanced Polymer Alloys, LLC	http://www.apainfo.com
Akrochem Corporation	http://www.akrochem.com
Akzo Nobel GmbH	http://www.akzonobel.de
Arkema	http://www.arkema.com
Bayer MaterialScience AG	http://www.desmopan.de
Cabot Corporation	http://www.cabot-corp.com
Chemetall GmbH	http://www.chemetall.com
Chemtura Corporation	http://www.chemtura.com
Cognis Performance Chemicals	http://www.cognis.com
Columbian Chemicals Company	http://www.columbianchemicals.com
Cytec Industries Inc.	http://www.cytec.com
Daikin Chemical Europe GmbH	http://www.daikinchem.de
Daiso Co., Ltd.	http://www.daiso-co.com
Degussa AG	http://www.degussa-fp.com
Denka	http://www.denka.co.jp
KG Deutsche Gasrußwerke GmbH & Co.	http://www.gasruss.de
DOG Deutsche Oelfabrik Ges. f. chem. Erz. mbH & Co. KG	http://www.dog-chemie.de
Dow Chemical Company	http://plastics.dow.com
DSM Elastomers B. V.	http://www.keltan.com
DuPont Performance Elastomers	http://www.dupontelastomers.com
Duslo a. s.	http://www.duslo.sk
Efremov-Kautschuk GmbH	http://www.efremovkautschuk.com
Eliokem	http://www.eliokem.com
C. H. Erbslöh KG	http://www.cherbsloeh.de
ExxonMobil Chemical	http://www.exxonmobil.de
Fine Polymers Kautschuk-GmbH	http://www.kautschuk.com
Flexsys	http://www.flexsys.com

Hersteller	URL
General Quimica S. A.	http://www.gequisa.es
Grillo-Werke AG	http://www.grillo-zno.de
C. P. Hall Company	http://www.cphall.com
Hoffmann Mineral GmbH & Co. KG	http://www.hoffmann-mineral.com
Indspec Chemical Corporation	http://www.indspec-chem.com
Isochem Kautschuk GmbH	http://www.kautschuk.com
JSR Corporation	http://www.jsr.co.jp
Kawaguchi Chemical Industry Co., Ltd.	http://www.kawachem.co.jp
Kettlitz-Chemie GmbH & Co. KG	http://www.kettlitz.com
Korea Kumho	http://www.kkpc.com
Krahn Chemie Gmbh	http://www.krahn.de
Kraton Polymers LLC	http://www.kraton.com
Lanxess AG	http://www.lanxess.com
Lehmann & Voss & Co.	http://www.lehvoss.de
LG Chemicals	http://www.lgchem.com
Lord Corporation	http://www.lord.com
Martinswerk GmbH	http://www.martinswerk.de
MLPC International	http://www.mlpc-intl.com
Münch Chemie-International GmbH	http://www.muench-chemie.com
Nabaltec GmbH	http://www.nabaltec.de
Nordmann, Rassmann GmbH	http://www.nrc.de
Norzinco GmbH Harzer Zinkoxide	http://www.harzer-zinkoxide.de
AB Nynäs Petroleum	http://www.nynas.com
Paul Tiefenbacher GmbH	http://www.paul-tiefenbacher.de
Polimeri Europa SpA	http://www.polimerieuropa.com
Rhein Chemie Rheinau GmbH	http://www.rheinchemie.com
Robinson Brothers Ltd.	http://www.robac.co.uk
Safic–Alcan Deutschland GmbH	http://www.safic-alcan.de
Schill + Seilacher „Struktol" AG	http://www.struktol.de
Solvay S. A.	http://www.solvaysolexis.com

Hersteller	URL
Sumitomo	http://www.sumitomo-chem.co.jp
Tosoh Corporation	http://www.tosoh.com
R. T. Vanderbilt Company, Inc.	http://www.rtvanderbilt.com
Wacker Chemie AG	http://www.wacker.com
Weber & Schaer GmbH & Co.	http://www.weber-schaer.com
Zeon Corporation	http://www.zeonchemicals.com

E Fertigartikelhersteller

Mit der folgenden Tabelle wird versucht, eine Übersicht über gängige Fertigartikel und deren Hersteller zu geben (Quelle: Internet-Recherche, ohne Anspruch auf Vollständigkeit; Stand: Dezember 2006).

Tabelle E.1: Hersteller von Fertigartikeln aus Elastomeren

Name	URL	Spezialitäten
Ahauser-Gummiwalzen Lammers GmbH & Co. KG	http://www.ahauser.com	
Arntz-Optibelt GmbH	http://www.optibelt.de	
Artemis Kautschuk- + Kunststoff-Technik GmbH & Cie.	http://www.artemis-kautschuk.de	Pumpenstatoren
Baker Hughes Elasto Systems GmbH	http://www.bakerhughes.de	Formteile für die Erdölförderung
Bategu Gummitechnologie GmbH & Co. KG	http://www.bategu.at	Präzisionsteile
Bridgestone Deutschland GmbH	http://www.bridgestone.de	
Busak + Shamban Deutschland GmbH	http://www.busakshamban.de	
Continental AG	http://www.conti-online.com	
ContiTech AG	http://www.contitech.de	
Dätwyler AG	http://www.daetwyler-rubber.com	
Deutsche Hutchinson GmbH	http://www.deutsche-hutchinson.de	

Reifen	Formteile	Dichtungen, O-Ringe	Gummi-Metall-Verbundteile (z. B. Schwingungsdämpfer)	Flachdichtungen	KFZ-Schläuche	technische Schläuche	Profile	Keilriemen	Keilrippenriemen	Zahnriemen	sonstige Riemen	Förderbänder	beschichtete Gewebe, Membranen	Bahnen, Matten, Bodenbeläge	Walzenbeläge	Kabel	Moos- und Zellgummi	Latexartikel
															x			
								x	x	x								
	x		x									x						
	x																	
	x	x	x															
x																		
	x	x												x				
x																		
	x	x	x		x	x		x	x	x		x	x					
	x						x									x		
	x	x	x	x	x	x	x	x	x	x							x	x

Name	URL	Spezialitäten
Dichtungstechnik G. Bruss GmbH & Co. KG	http://www.bruss.de	
Diehl Enco Elastomertechnik GmbH	http://www.diehl-enco.pt	
DLB GummiFormteile GmbH	http://www.dlb-gummi.de	
Dunlop GmbH & Co. KG	http://www.dunlop.de	
extrutec Gummi GmbH	http://www.extrutec.net	
Facab Lynen GmbH & Co. KG	http://www.facablynen.de	
Felix Böttcher GmbH & Co.	http://www.boettcher.de	Handläufe für Rolltreppen
Freudenberg & Co. KG	http://www.freudenberg.de	
Fulda Reifen GmbH & Co. KG	http://www.fulda.com	
Gates GmbH	http://www.gates.com	
GDX Automotive GmbH & Co. KG	http://www.henniges.de	
Gebr. Horst Gummiwarenfabrik GmbH & Co.	http://www.horst-gummi.de	
Gebr. Schmidt KG Gummiwarenfabrik	http://www.swing-gummi.de	Lohnmischer
GFD Technology GmbH	http://www.gfd-technology.de	Lohnmischer
Globus Gummiwerke GmbH	http://www.globusrubber.com	
GTG Gummidichtungstechnik Wolfgang Bartelt GmbH & Co. KG	http://www.gtg-group.com	
Gumasol-Werke Dr. Mayer GmbH & Co. KG	http://www.gumasol.de	
Gummi-Metall-Technik GmbH	http://www.gmt-gmbh.de	

Reifen	Formteile	Dichtungen, O-Ringe	Gummi-Metall-Verbundteile (z. B. Schwingungsdämpfer)	Flachdichtungen	KFZ-Schläuche	technische Schläuche	Profile	Keilriemen	Keilrippenriemen	Zahnriemen	sonstige Riemen	Förderbänder	beschichtete Gewebe, Membranen	Bahnen, Matten, Bodenbeläge	Walzenbeläge	Kabel	Moos- und Zellgummi	Latexartikel
	x	x	x															
	x																	
	x	x	x											x				
x																		
							x											
																x		
							x								x			
	x	x	x									x						
x																		
			x		x	x		x	x	x								
	x		x				x											
	x	x				x	x											
	x	x																
	x					x												
x	x	x	x															
			x															

Name	URL	Spezialitäten
Gummiwarenfabrik Emil Simon GmbH & Co. KG	http://www.gummifabrik-simon.de	
Gummiwerk Meuselwitz GmbH	http://www.gummiwerk-meuselwitz.de	
Habasit AG	http://www.habasit.com	
HB Herbert Brandt GmbH	http://www.herbert-brandt.de	
Hutchinson GmbH	http://www.hutchinson.de	Notlaufreifen
immuG Rohr + Schlauch GmbH	http://www.immug.de	
KACO GmbH & Co. KG	http://www.kaco.de	
KCH GROUP GmbH	http://www.kch-group.com	Auskleidungen
Kerspe GmbH & Co. KG	http://www.kerspe.de	
KKT Frölich Kautschuk-Kunststoff-Technik GmbH	http://www.kktec.de	
Kraiburg Holding GmbH & Co. KG	http://www.kraiburg.de	Lohnmischer
Leoni Kabel GmbH	http://www.leoni-cable.com	
Lonstroff AG	http://www.lonstroff.com	
Lüraflex GmbH Gerhard Lückenotto	http://www.lueraflex.com	
Mapa GmbH Gummi- und Plastikwerke	http://www.mapa.de	
Meteor Gummiwerke K. H. Bädje GmbH & Co.	http://www.meteor.de	
Metzeler Automotive Profile Systems Europe GmbH	http://www.metzeler-profiles.com	

Reifen	Formteile	Dichtungen, O-Ringe	Gummi-Metall-Verbundteile (z. B. Schwingungsdämpfer)	Flachdichtungen	KFZ-Schläuche	technische Schläuche	Profile	Keilriemen	Keilrippenriemen	Zahnriemen	sonstige Riemen	Förderbänder	beschichtete Gewebe, Membranen	Bahnen, Matten, Bodenbeläge	Walzenbeläge	Kabel	Moos- und Zellgummi	Latexartikel
						X												
							X	X									X	
									X	X	X							
	X		X									X						
X	X	X	X	X	X	X	X										X	
						X												
		X	X															
													X					
	X	X	X															
X	X																	
							X								X			
																X		
	X	X	X				X			X								
						X								X	X			
																		X
							X										X	
							X											

E Fertigartikelhersteller

Name	URL	Spezialitäten
Michelin Reifenwerke KGaA	http://www.michelin.de	
Nexans Deutschland Industries GmbH & Co. KG	http://www.nexans.de	
OK Gummiwerk Otto Körting GmbH	http://www.ok-gummiwerk.de	
Paguag GmbH	http://www.paguag-schlauchtechnik.de	
Phoenix AG	http://www.phoenix-ag.com	
Pirelli Deutschland GmbH	http://www.pirelli.de	
Polymer-Technik Elbe GmbH	http://www.polymertechnik.com	Lohnmischer
Poppe GmbH & Co. KG	http://www.poppe.de	
Prysmian Kabel und Systeme GmbH	http://www.prysmian.de	
R.E.T. Reiff Elastomertechnik GmbH	http://www.ret-gmbh.de	
Rado Gummi GmbH	http://www.rado.de	Lohnmischer
SaarGummi technologies GmbH	http://www.sgtechnologies.de	
Sand Profile GmbH	http://www.sandprofile.com	
Semperit Aktiengesellschaft Holding	http://www.semperit.at	Handläufe für Rolltreppen
Siegling (Schweiz) Zweigniederlassung der Forbo International SA	http://www.siegling.ch	
Stahlgruber Otto Gruber GmbH & Co. KG	http://www.stahlgruber.de	Auskleidungen
Taubergummi GmbH International	http://www.taubergummi.de	
Veritas AG	http://www.veritas-ag.de	

E Fertigartikelhersteller   155

Reifen	Formteile	Dichtungen, O-Ringe	Gummi-Metall-Verbundteile (z. B. Schwingungsdämpfer)	Flachdichtungen	KFZ-Schläuche	technische Schläuche	Profile	Keilriemen	Keilrippenriemen	Zahnriemen	sonstige Riemen	Förderbänder	beschichtete Gewebe, Membranen	Bahnen, Matten, Bodenbeläge	Walzenbeläge	Kabel	Moos- und Zellgummi	Latexartikel
x																		
																x		
	x		x															
							x											
			x		x	x	x					x		x				
x																		
	x		x	x		x	x											
															x			
	x	x	x															
							x											
							x											
	x					x	x					x		x			x	x
								x	x	x	x							
	x																	
	x	x	x															
	x	x	x	x														

Name	URL	Spezialitäten
Vibracoustic GmbH & Co. KG	http://www.vibracoustic.com	
Vorwerk Autotec GmbH & Co. KG	http://www.vorwerk-autotec.de	
Vorwerk Dichtungssysteme GmbH	http://www.vorwerk-vds.de	
Vredestein GmbH	http://www.vredestein.de	
Wegu GmbH & Co. KG	http://www.wegu.de	
Weha-Gummiwaren-Fabrik Holzberg GmbH & Co. KG	http://www.weha-gummi.de	
Westland Gummiwerke GmbH & Co. KG	http://www.westland-worldwide.de	Präzisionsteile
Wilhelm Kächele GmbH	http://www.w-kaechele.de	Pumpen-statoren
Wilhelm Köpp Zellkautschuk GmbH & Co.	http://www.koepp.de	
Woco Industrietechnik GmbH	http://www.woco.de	
Zemo Gmbh & Co. KG	http://www.zemozell.de	
ZF Boge Elastmetall GmbH	http://www.zf.com/gmt	
Zrunek Gummiwaren GmbH	http://www.zrunek.at	

E Fertigartikelhersteller   157

Reifen	Formteile	Dichtungen, O-Ringe	Gummi-Metall-Verbundteile (z. B. Schwingungsdämpfer)	Flachdichtungen	KFZ-Schläuche	technische Schläuche	Profile	Keilriemen	Keilrippenriemen	Zahnriemen	sonstige Riemen	Förderbänder	beschichtete Gewebe, Membranen	Bahnen, Matten, Bodenbeläge	Walzenbeläge	Kabel	Moos- und Zellgummi	Latexartikel
			x															
	x	x	x				x											
							x											
x																		
	x		x										x					
	x																	
	x	x																
	x		x															
																	x	
	x	x	x															
																	x	
			x															
	x	x		x		x	x					x		x				

Index

A
Abrieb 114
Acetatelastomere 43
ACM 37
Acrylat 37
– Elastomere 43
– Kautschuk 37
Acrylnitril 26
– Butadien-Kautschuk 26
Adipate 63
Aktivatoren 58
Allylglycidether 38
Alterung 64, 114
– Prüfung 103
– Schutzmittel 64, 65, 66
  – aminische 66
  – phenolische 66
Aluminiumhydroxid 36, 62, 106
Aluminiumoxidtrihydrat 36
Amine 61
Anguss 77
Antriebsriemen 27, 92, 107
Anvulkanisation 99
– Zeit 47
Aramid 67
ASTM D 2000 16
ATH 36
AUMA 91
Auskleidungen 33, 109
Austrieb 77
Ausvulkanisationszeit 48
Autoklaven 85, 89, 92

B
Bahnen 88
Ballons 21
Baulager 23, 31
Bauprofile 26
Belegen 89
Benzthiazol-Derivate 56
beschichtete Gewebe 27, 31, 34, 109
Beschleuniger 56
Beständigkeit
– chemische 14, 103
– dynamische 31, 51
Beta-Strahlen 59, 88
BIIR 32
Bleioxide 57
Blend 114
Block-Copolymerisate 25
Bodenbeläge 26, 36
BR 23
Bremsbeläge 27
Bremsschläuche 35, 106
Brittleness Point 104
Brombutylkautschuk 32
Bruchdehnung 101, 114
Brückenlager 31
Butadien 23, 24, 26
– Kautschuk 23
Butylkautschuk 32

C
Caprolactame 56
Chemikalienschläuche 33
chemische Beständigkeit 14, 103
chemischer Abbau 15
Chinondioxim 59
Chinone 32
Chips 30
Chlorbutylkautschuk 32
Chlorhydrinkautschuk 38

chloriertes Polyethylen 34
Chloropren 30
– Kautschuk 30
chlorsulfoniertes Polyethylen 34
CIIR 32
CM 34
CO 38
compounding 53
compression moulding 77
continuous Vulkanisation 87
Copolymere 4
Copolymerisation 4, 114
CR 30
– schwefelmodifizierte 31
– vorvernetzte 31
CR-Latex 30, 31
crazing 67
CSM 34
CV-Verfahren 87

D
Dachfolien 34, 36
DCPD 35
Decke 106
Deponiefolien 34
Depot-Effekt 65
Dichte 114
Dichtung 27, 29, 31, 33, 35, 37, 38, 39, 40, 42, 105, 107
– Bahnen 31
– für Trinkwasser und Abwasser 36
– Massen 40
– Profile 35
Dicyclopentadien 35
Dienkautschuke 114
Dienkomponente 35
Dimethylsiloxan 40
Dioctyladipat 63
Dioctylsebacat 63
Direkthaftmittel 68
Dispergatoren 64

Dispersion 73
Dithiocarbamate 56
Doppelbindungen 18, 28, 51, 58, 65, 114
Dorn 85
Drahtkappe 94
Drahtringe 94
Drehmoment 114
Druckgummi 27
Druckindustrie 109
Druckverformungsrest 58, 101, 105, 107, 114
– geringer 29
Dublieranlage 88
Duromere 9
Duroplaste 3, 9
dynamische Belastung 108, 109, 115
dynamische Beständigkeit 31
dynamische Prüfungen 102

E
E-SBR 25
EAM 37
ECO 38
Eigenschaften
– dynamische 13
– mechanische 13, 46, 60, 98
– rheologische 60
Einfachbindungen 28, 58, 115
Elastizität 115
Elastomere 3, 6, 45, 50
– Abkürzungen 11
– Anwendungsbeispiele 12
– thermoplastische 8
Emulsionspolymerisation 25
ENB 35
Entropieelastizität 6, 7
EPDM 35
Epichlorhydrin 38
– Kautschuk 38
EPM 35

epoxidiertes Sojabohnenöl 64
Ermüdung 65, 66
Erweichung 65
ETER 38
Ether/Thioether 63
Ethylen 35, 36, 37
– Acrylat-Kautschuk 37
– Oxid 38
– Propylen-Kautschuk 35
– Vinylacetat-Kautschuk 36
Ethylidennorbone 35
EVM 36
Extraktion 15
Extruder 81
Extrusion 81

F
Faltenbälge 105, 109
farbige Artikel 34
Farbstoffe 69
Fensterdichtung 35
– Profile 31
Festigkeitsträger 67, 107
Fettsäuren 57, 58, 64
Feuerwehrschläuche 42
FFKM 41
FKM 41
Flachriemen 107
Flammwidrigkeit 64, 106
Fließhilfsmittel 64
Fließzeit 47
Flüchtigkeit 62
Fluid-Bed 88
Fluoralkane 41
Fluorelastomere 44
Fluorkautschuk 41
Förderbänder 24, 26, 31, 34, 88, 107
Fördergurte 107
Formaldehyd 68
Formartikel 105
Formschlauch 106

Formteile 27, 31, 36, 105
Friktion 73, 74, 115
FRNC-Kabel 36, 106
Füllmischung 85
Füllstoffe 60, 98
– aktive (verstärkende) 60
– inaktive 62
– nicht aktive (nicht verstärkende) 60
Fütterstreifen 78, 81
Fütterwalzen 74, 81
FVMQ 39

G
Gasschläuche 27
GECO 38
Gewebeverstärkung 108
Glykole 64
Green Strength 71
Guanidine 56
Gummi 6, 50
Gummielastizität 45
Gürtel 92, 110

H
Haftmischungen 92, 106
Haftmittel 67
Halbwertszeit 58
Halogenbutylkautschuke 32
halogenhaltige Elastomere 43
Handläufe für Rolltreppen 34
Handschuhe 21, 27, 31
Härte 101, 115
Hartgummi 51
Harze 64
Hauptbeschleuniger 56
Hauptkette 115
Heat-build-up 109
Heißdampfvulkanisation 87
Heißgutförderbänder 33
Heißluftkanal 85
Heißluftvulkanisation 85

Heizbalg 33, 94
Heizpresse 76
Heizzeit 48
Hevea Brasiliensis 19, 20
1,4-Hexadien 35
HIPS 24
HNBR 28
– carboxylierte 29
Homogenität 76, 81
HTV 39
Hydraulikschläuche 106
Hydrierung 28
– teilweise 28
– vollständige 28
Hydrolyse 115

I
IIR 32
Injection Moulding 78
Innenmischer 71, 72
inner liner 33
IR 22
Isobutylen 32
Isocyanate 59, 68
Isolationen 36
Isopren 22, 32
– Kautschuk 22
Isotherme 115

K
Kabel 36, 38, 40, 85, 106
– Mantel 31, 34
Kalander 88
Kälteflexibilität 17, 62, 104, 115
Kälteschlagzähigkeit 104
Kaltfütterextruder 81
Kaolin 62
Karkasse 92
Katalysator 115
Kautschukchemikalien 53
Kautschukgifte 22, 65

Kautschukgürtel 19
Kautschukmischungen 53, 116
Keilriemen 29
– flankenoffene 107
– gezahnt 108
– ummantelte 107
Keilrippenriemen 107
Kettenspaltung 65
Kieselsäuren 61
Klebstoffe 31
Klimaanlagenschläuche 27
Klischeegummi 27
Kneter 72
Koagulation 19, 21, 116
Kohlenwasserstoffe 116
Kondome 21
Konfektionsklebrigkeit 64
Kontaktklebstoffe 31
Kontaktverfärbung 66
Kraftstoffschläuche 42, 106
Kreide 62
Kristallisation 17, 30, 63
kritische Dehnung 64
Krümelkautschuk 26
Kühlerschläuche 106
Kühlmittelschläuche 34
Kühlwasserschläuche 35, 38
Kunststoffe 3
– schlagfeste 24

L
Latex 19, 20, 21, 68
Latices, Vernetzung 57
Lauffläche 92, 109
LCM 86
Linearschubvulkameter 99
Liquid Curing Medium 86
Lösungsklebstoffe 36
Lösungspolymerisation 25
LSR 39
Luftansaugschläuche 38

M

Magnesiumoxid 57
Makromoleküle 3
Manschetten 105
marching modulus 49, 50, 51
Mastikation 68
Mastizieren 97
Mastizierhilfsmittel 68
Mattenvulkanisieranlage
– automatische 91
MDR 99
mechanische Eigenschaften 116
medizinische Artikel 40
Mehrfachspritzköpfe 84
Membranen 27, 31, 37, 38, 109
Messing 68
Metalloxide 31, 57
Methacrylate 37
Methyltrifluorpropylsiloxan 40
Mikrowellen 85
Mineralöle, aromatische 63
Mineralölweichmacher
– naphthenische 63
– paraffinische 63
Monomere 3, 4, 116
Mooney 98
Moosgummi 31, 36, 69
Motorlager 23, 39, 105
moving die rheometer 99
Mundstück 81

N

Nachmischen 74
Nachvernetzung 65
Naturkautschuk 19
Naturlatex 19
NBR 26
– verzweigte 27
– vorvernetzte 27
NBR/PVC-Blends 26, 27
Nest 77

Netzwerkbrücken 50, 116
Nitrilkautschuk 26
– carboxylierter 27
– hydrierter 28
Nockenwelle 108
NR 19

O

O-Ring 105
ODR 99
oscillating disc rheometer 99
Oxidation 116
Ozon 18
– Beständigkeit 18
– Rissbildung 66
– Schutzmittel 66

P

pale crepes 19
Paraffinwachse 66
Paraphenylendiamine 66
per hundred rubber 55
Peroxid 29, 33, 34, 35, 36, 38, 39, 40,
  41, 58, 68, 86, 105, 116
– Aktivatoren 58
– Vernetzung 29, 58, 63, 64, 66
Pharmaindustrie 33
pharmazeutische Artikel 40
Phenylmethylsiloxan 40
Phosphorsäureester 64
phr 55
Phthalsäurederivate 56
physikalische Eigenschaften 116
Pigmente 69
Planen 109
Platten 26, 88
polare Elastomere 43
polare Gruppen 15
Poly-V-Belts 107
Polyaddition 9, 117
Polyamid 67

Polyester 67
– Weichmacher 63
Polyethylen
– chloriertes 34
– chlorsulfoniertes 34
– Glykol 61
Polykondensation 6, 117
Polymere 3, 4, 117
– gesättigte 28
Polyurethane 9
Profile 106
Propylen 35
Puffer 24
Pulver 34
Pulverkautschuk 26
PVMQ 39
pyrogene Kieselsäure 40, 117

Q
Quellung 15, 103, 117
Querspritzkopf 84

R
Radikale 58
Räuchern 21
Rauchgasentschwefelungsanlagen 33
Reaktivklebstoffe 32
Reibbeläge 27
Reifen 23, 88, 92, 109
– Baumaschinen 92
– Laufflächen 25
– Presse 94
– Rohlinge 92
– Schläuche 33
– Seitenwand 24
Rekombination 58, 65
Resorcin 68
Retarder 56
Reversion 22, 49, 50, 51, 58, 94
RFL-Dip 68
Rheologie 117

rheologische Eigenschaften 117
Rheometer 99
Rheometerkurve 46, 47
Riemen 31, 88, 92
Risse 64
Rohfestigkeit 71
Rotationsvulkanisationsverfahren 91
Rotoren 72
– ineinander greifende 73
– tangierende 73
RTV 39
Rubber 11
Rückstellkraft 6, 45, 50, 71
Ruße 61

S
S-SBR 25
Salzbadvulkanisation 86
Salzgemische 87
Sauerstoffalterung 66
Säureakzeptor 57
SBR 24
Schalthebelknäufe 42
Schaufeln 72
Scherkräfte 74, 99
Scherscheibenviskosimeter 97
Scherung 71
Schlauch 26, 27, 29, 31, 36, 37, 39, 40, 105
– Boote 34, 109
– Decken 34, 85
– für Klimaanlagen 106
– Seele 85, 106
– verstärkte 85
Schlupf 108
Schmelzklebstoffe 36
Schutzkleidung 33, 109
Schwammgummi 31
Schwefel 50, 55
– Spender 51, 55, 56, 105

Index

Schwingungsdämpfer 105
Sebacate 63
Seitengruppen 117
Seitenketten 117
Seitenwand 94
Shore-Härte 101
Silane 61, 117
Silikonelastomere 44
Silikonkautschuk 39
– HTV 40
– LSR 40
– RTV 40
Small Holders 19
smoked sheets 19
SMR 21
Sohlen 24, 26
Spannungswert 101, 118
Spezialdichtungen 29, 109
spezifische Oberfläche 60
Sportschuhsohlen 42
Spritzgussverfahren 78
Spritzquellung 84
Spritzscheibe 81, 83, 84
Stahlverstärkung 92
Standardelastomere 43
Standard Malaysian Rubber 21
Standfestigkeit 98
Stearinsäure 58, 64
Steuerriemen 107
Stiftextruder 81
Stockblender 75
Strainer 83
Stützluft 82
Styrol 24
– Butadien-Kautschuk 24
Sulfenamide 56
Syntheseweichmacher 63

T

Tankauskleidungen 31
Tauchartikel 21, 22, 27
Teichfolien 34
Teppichrückenbeschichtungen 26
Terpolymerisation 4
Textilverstärkung 92
Thermoplaste 3, 5, 6
thermoplastische Elastomere 8
thermoplastische Polyurethan-
  Elastomere 42, 44
Thiazole 56
Thioharnstoffe 56, 59
Thiophosphate 56
Thiuram 56
– Vulkanisation 56
TPE-U 42, 44
Transfer Moulding 77
Transportbänder 88, 107
Treibmittel 69
Triazine 59
Trioctyltrimellitat 63
TSR 21
Tubeless-Platte 33, 92, 109
Türdichtungen 35
– für Waschmaschinen 36

U

UHF-Vorwärmung 86
Ultra-Beschleuniger 56
unpolare Elastomere 44
upside-down 99
UV-Absorber 67
UV-Licht 18, 67

V

V-Belts 107
Vakuumextruder 82
Verarbeitungshilfsmittel 64
Verbundteile 105
Verbundwerkstoffe 67, 84
Verfärbung 66
Verhärtung 64
Vernetzung 45, 50, 55, 99, 118

– disulfidische 51
– monosulfidische 51
– polysulfidische 51
Vernetzungsaktivatoren 57
Vernetzungsbrücken 6, 45
Vernetzungsdichte 46, 47, 99
Vernetzungsgrad 47
Vernetzungsisotherme 46, 47
Vernetzungsreaktion 99
Vernetzungsstellen
– disulfidische 56
– monosulfidische 56
Vernetzungssystem 51, 55, 118
Versprödung 64
Verstärkung 67, 85, 92, 110
Vinylacetat 36
Vinylidenfluorid 41
Vinylmethylsiloxan 40
Viskosität 61, 62, 68, 78, 97, 118
VMQ 39
Vollgummireifen 109
Volumenquellung 62
Vulkameter 99
Vulkameterkurve 47
Vulkanisate 6, 50, 118
Vulkanisation 6, 46, 50, 76, 118
– kontinuierliche 81
Vulkanisationsbeschleuniger 46, 55
Vulkanisationskurve 46, 99
Vulkanisationssystem 51
Vulkanisationsverzögerer 56

W

Wachse 64
Waggonübergänge 109
Walzen 109
Walzenbeläge 31
Walzenbezüge 24, 27, 29, 36
Walzwerke 74
Wärmealterung 66
Wärmebeständigkeit 14, 51, 58
Warmfütterextruder 81
Weichmacher 62, 98, 104
Weiterreißwiderstand 118
Werkstoffe
– natürliche 3
– synthetische 3
Wetterbeständigkeit 18

X

Xanthogenate 56
XHNBR 29
XIIR 32
XNBR 26, 27
XNBR-Latex 27

Z

Zähigkeit 97
Zahnriemen 29, 92, 108
Zellgummi 27, 36, 69
Zermürbung 65
Zink 68
Zinkcarbonat 57
Zinkoxid 57
Zugfestigkeit 101, 118
Zugträger 108
Zugversuch 100
Zusatzbeschleuniger 56
Zuschlagstoffe 53
Zwischenlage 85

Funktionelle Füllstoffe für Elastomere

Neuburger Kieselerde von HOFFMANN MINERAL bringt Sie voran. Kein Wunder, denn mit Sillitin und dem veredelten Aktisil eröffnen sich Ihnen unzählige Anwendungsmöglichkeiten. Der Einsatz in hochwertigen Profilen, Faltenbälgen und Schläuchen ist nur eines von vielen Beispielen. Neuburger Kieselerde ist ein natürliches Agglomerat von korpuskularem Quarz und lamellarem Kaolinit. Beide bilden ein lockeres Haufwerk, das als Füllstoff enorme Vorteile bietet: gute Dispergierbarkeit, hohe Extrusionsgeschwindigkeit bei hervorragender Oberflächenqualität, gute Schnappigkeit und geringe bleibende Verformung bei Gummiartikeln sind herausragende Merkmale des einzigartigen Füllstoffes.

Sprechen Sie mit uns und nutzen Sie unser langjähriges Know-how.

HOFFMANN MINERAL
Wir geben Stoff für gute Ideen

HOFFMANN MINERAL GmbH & Co. KG, Postfach 14 60, D-86619 Neuburg (Donau), Telefon +49 (0) 84 31-53-0, Telefax +49 (0) 84 31-53-3 30
http://www.hoffmann-mineral.com oder info@hoffmann-mineral.com